JN134947

地域資源を活かす

森 和彦
松下 隆 ほか 著

生活工芸双書

棉(わた)

農文協

植物としてのワタ　ワタの栽培４種

播種後2か月で開花。大きさはバルバデンセ>ヒルスツム>アルボレウムとなるが、開花・開絮の時期の順番はこの逆。アフリカ・アジア原産のアルボレウムの系統は、花が下向きに咲くことが多い。和棉の紫蘇綿、伯州綿もこの系統になる。

●アルボレウムの花と葉

●ヒルスツムの花と葉

●バルバデンセの花と葉

結実から開絮へ

●収穫期の棉の木。枝は14～15本。下から順に開花・結実・開絮していく

●伯州綿のコットンボール（結実）

●開絮（伯州綿）

コットンボールは蒴果、桃の実などと呼ばれる。中の繊維が長く伸びる生長を終えて、太くなる生長に転換すると、内圧が高まり、蒴果の縦の切れ目が開いて棉の繊維が飛び出す弾けた状態になる。これを開絮ともいう。その後さらに乾燥して「天然の撚り」がかかると、房状の綿花は広がってさらに大きくなる。

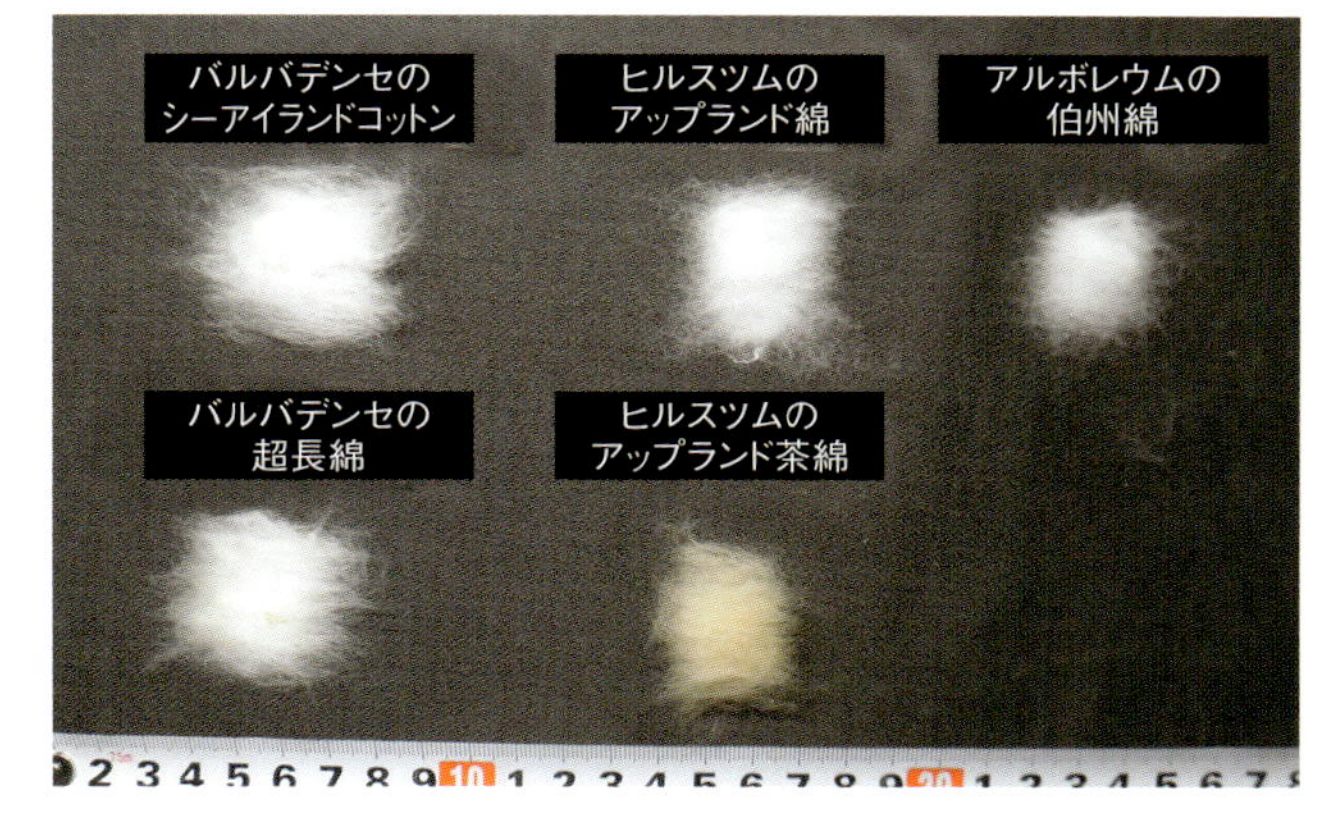

ワタの繊維

ワタ属（*Gossypium* ゴシピウム）50種超の中で、栽培種は4つ。繊維の長い超長綿と呼ばれる、バルバデンセ（ペルー原産）とヒルスツム（メキシコ原産）の2種のほか、インド・パキスタン原産のアルボレウム、イラン原産のヘルバケウム。綿繰りすると、バルバデンセの系統は、簡単にスルッと外れて、スイカの種子を厚くしたような黒い種子が出てくる。ヒルスツムとアルボレウムは種子から繊維が外れにくく、短い毛（ファズ・リンター）が残る。つまり、種離れが悪い。

（写真：栃木県真岡市・真岡木綿会館、撮影 倉持正実　鳥取県境港市・境港市農業公社）

綿を使って

●平織りの反物各種

●織り方のいろいろ

❶は無地藍染平織、❷は緯糸に草木染を用いて、緯糸の太さも変えアクセントをつけた、❸は組織織りで緯糸をやや濃いめに、❹は色を揃え緯糸の太さの違いだけで全体にアクセントを、❺はグラデーションに染めた経糸で、縞の幅も変えて緯糸に茶綿を用いている

真岡木綿の製品

●上左は巾着袋、右は薬入れ。下左は名刺入れ、右はティッシュケース

●コースターとストラップ（下）

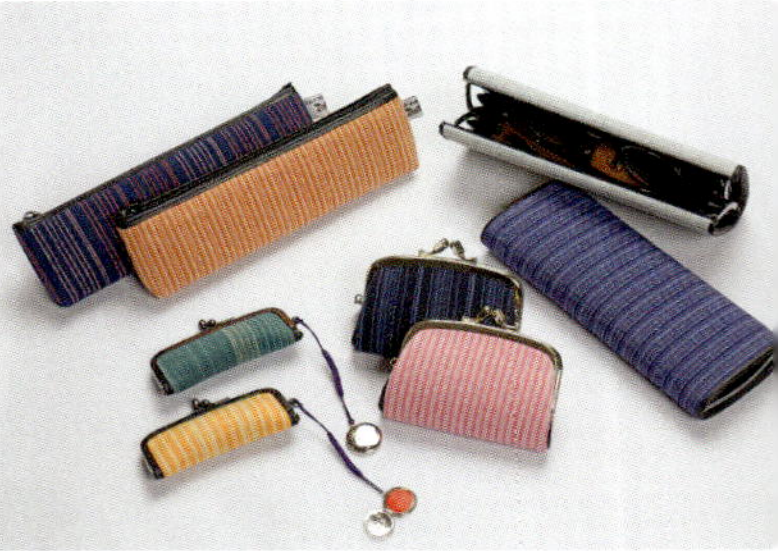

●左上ペンケース、右メガネケース。下左は印鑑入れ、右は小銭入れ

伯州綿の製品

●伯州綿のおくるみ（左）と膝掛け

●ベビーマント

●ブランケット

●伯州綿のトートバッグ

●伯州綿のワタガラ（綿殻）リース

棉を育てる

●収量目標

アップランド綿なら、蒴果1個で実綿4～5g、1株40の蒴果なら160～200g。10a当たり600～800本で実綿100～160kg

1 **畑づくり**。凍結・溶解のくり返しで土を細かくする「秋起こし」

2 **播種**。最低気温12℃以上になったら、1株3～4粒。3～4日で発芽

3 **セルポット苗**。気温の低い地域は保温施設で4月播種。根は尖ったほうから出るのでこちらを下に。根がポットに回ったら移植適期

4 **間引き**。芽が出揃ったら、直根を傷めないように剪定鋏なども活用する

5 **摘芯**。草丈0.8～1.0mの時期に

6 コットンボールができたら灌水はこまめにていねいに。繊維長に影響する

7 **開絮**。結実後和棉で1か月、超長綿は2か月で

8 台風が予想されたら倒伏予防の添え木、縄張り

9 収穫は朝露が消えてから。畑でも繊維を乾燥させるように。和棉は落下も早い

害虫対策

●シンクイムシの被害。これでもまだ盛り返せる

●ネキリムシは1株1本だけ食害する

（写真：倉持正実　協力：栃木県真岡市・真岡木綿会館）

綿を繰り、糸を紡ぐ

種子を繊維が包み込んでいる実綿を、収穫して乾燥し、「綿繰り」して種子を分離し、綿打ち（カーディング）して繊維の方向を揃え、巻いてじんきを作る。じんきから糸を紡ぎ出す

●綿打ち。カーダーで繊維をほぐして（繊維の方向を揃えて）、カード綿にする

●綿の変化。左から実綿、綿繰り後の綿と種子、綿弓で綿打ち後の綿、カーダーによるカード綿、カード綿を丸めたじんき

●綿繰り

●綿打ち。綿弓でふっくらさせて糸を引きやすくする（柳生菜園）

●自動綿繰り機。6分で1kgを処理（兵庫県・オークラ工業製）

●じんきは繊維の方向が揃った綿。じんきにすると糸が引き出しやすくなる

●糸車をゆっくり回すとジンから紡ぐ糸は太くなる

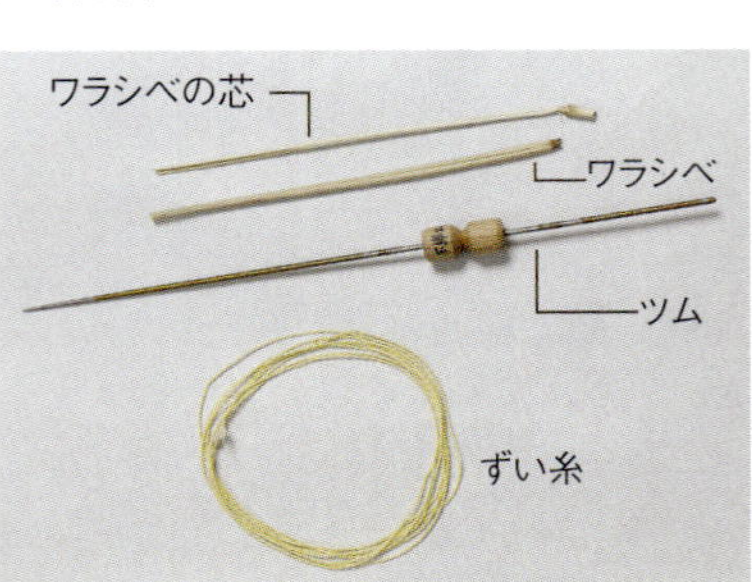

●45度の位置に座り、じんきから糸を紡ぎ、糸車で回るツムに巻き取る

●ツムの構造。金属製のツムにワラシベを差し込み、これに撚りをかけた糸を巻いていく

●巻き上がり。この後ワラシベに別にとっておいたワラの芯を差し込みお湯で煮たてて撚りを固める（撚り止めという）

（写真：倉持正実　協力：栃木県真岡市・真岡木綿会館）

綿を染める

●イチゴ染め

●真岡木綿会館のある真岡市はイチゴ「とちおとめ」の産地でもあることから、イチゴ染めを試験中。写真上はイチゴの葉を使い、下がイチゴの果実を使ったもの。果実染めにはかなりの分量のイチゴが必要だ

●草木染めの見本

●化学染めの見本

染色の手順

1　糸はあらかじめ水に浸けておき、脱水機にかけると均一に染まる

2　糸は棒の上で横に広がるように作業する。緯糸は同一のタンクで一度に染め上げるようにしないと染め具合の微妙な違いがで出てしまう

●染色に使う道具

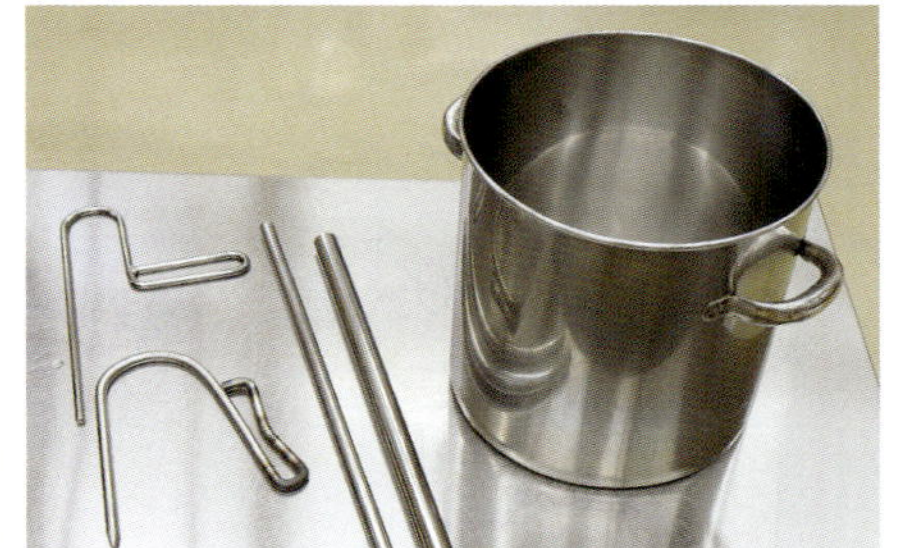

●タンク（右）と染色棒4種。まっすぐな棒は、タンクの口に渡して糸をかけておくため、曲がった棒は糸の引き上げのために使う

3　染料を溶いた水を加熱しながら、染色棒で持ち上げては再び浸けるという動作を繰り返す。作業時間の目安は染色濃度が1％以上なら1時間、1％未満は30分

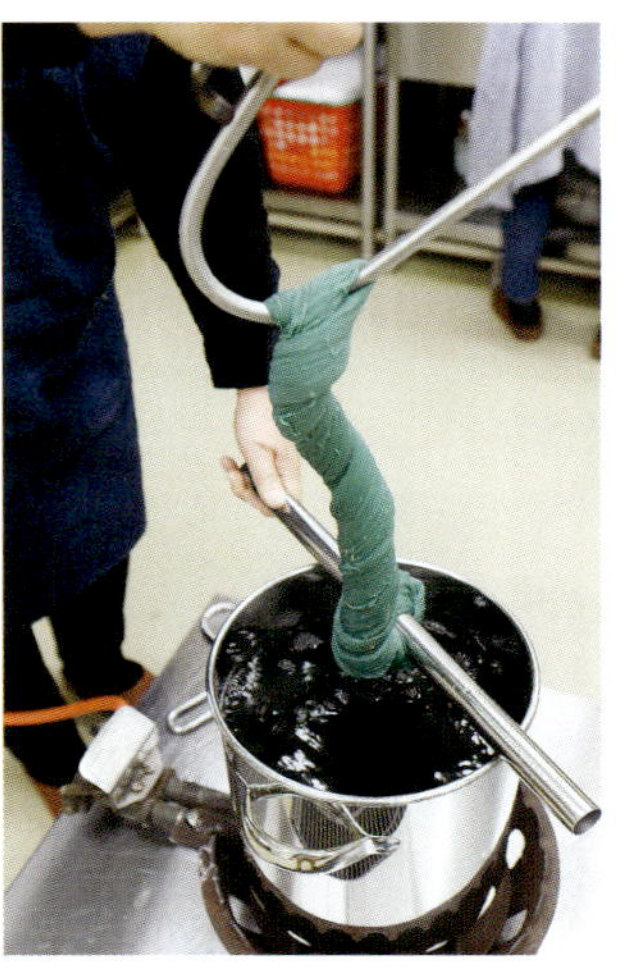

4　糸を手かぎで持ち上げて絞る。草木染の場合はこの後に媒染液に浸ける工程が入る

5　水洗いして脱水。陰干しする

（写真：倉持正実　協力：栃木県真岡市・真岡木綿会館）

綿糸で織る

●整経— デザインに合わせて必要な経糸を選び必要な長さを確保して「あや」をとる

●整経台の前に経糸を巻いた木枠を置き、必要な長さの糸を取り出す

●整経台の両脇に立つ棒の間を往復することで糸の長さをはかり、糸を2本の指で交差させてあやをとり手前の棒に掛ける

●木枠巻き— 糊付けして強化した経糸を木枠に巻く

●綛台に経糸を掛けて座繰りにセットした木枠に巻き取る

●仮筬通し

●筬に整経の済んだ糸を通して、布になった時の経糸の順番を確定しておく。高機に掛ける前に糸の順番を整えるもので仮筬通しと呼ばれる

●男巻き— 仮筬通しの済んだ経糸を巻く作業

●最後にあやを筬の手前に移す「あやがえし」を行ない巻き終わる

●部屋の柱や庭木などに糸の束を縛りとめて、引いてたるみをとりながら、糸が絡まないように一巻きごとに紙を挟み込んでいく

●仮筬通しの済んだ経糸を高機にセットするためにハコに巻く作業を男巻きと呼ぶ。たるみを取りながらあやと筬を移動させて行なう作業は体力と繊細さが必要である

綜絖通し

1,060本の綜絖に順序を間違えないように1本ずつ経糸を通す

機がけ ― 高機に糸を仕掛ける。男巻きを千切に組み込み綜絖、筬と順に糸を通して布巻きに結ぶ工程

男巻きを千切に組み込む

千切

高機の下手前に見える歯車をもった軸に、手前にある男巻きを組み込み糸を上に引き出す

布巻きについている織り出し棒に結ぶ。これで機がけは完了

筬通し

綜絖と織り手の間に経糸の順番を固定するためにスリットをもつ筬があり、これにも糸を通す

機織り

高機に張った経糸にシャトル（杼）を使って緯糸を織り込む工程

緯糸を通すシャトル（杼）

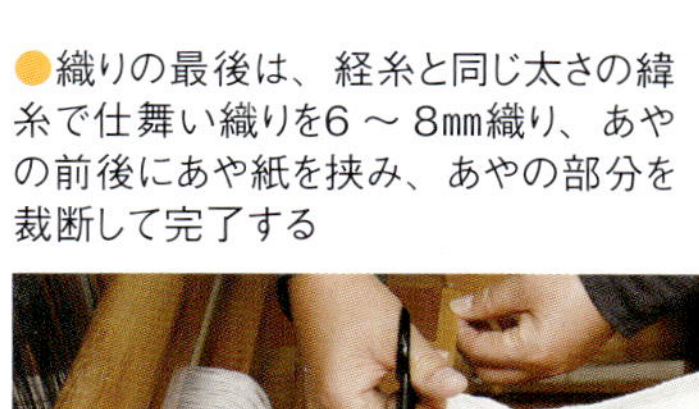

経糸の間に杼を往復させて緯糸を織り込む

小管巻き。杼の中の小管に緯糸を巻きとる

織りの最後は、経糸と同じ太さの緯糸で仕舞い織りを6～8mm織り、あやの前後にあや紙を挟み、あやの部分を裁断して完了する

経糸の終わりが近づいた

（写真：わたや佐藤）

ふとんの打ち直し　エシカルな経済の先駆け

●綿の打ち直しでよみがえる布団

家庭粗大ゴミのトップといわれる布団も見事に再生

●打ち直し後

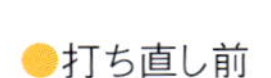

●打ち直し前

●布団の打ち直しとはどのような作業か

硬くなった綿を開綿・除塵・混綿加工の工程を経て、カード機で梳き直し、薄膜状の綿帯にして畳んだ綿を以下の手順で布団に詰めもどす

1 **綿入れ準備**。布地は裏返し

2 **ふとん台張り**。始め

3 **ふとん台張り**。終わり

4 **角切りめぐり折り**。四隅の角を切り、重ねた綿を折り込む

5 **角つくり**。角切りした左右の綿を交互に重ね合わせる

6 **被せ綿**。中央を高くかまぼこ型に綿を重ね被せる

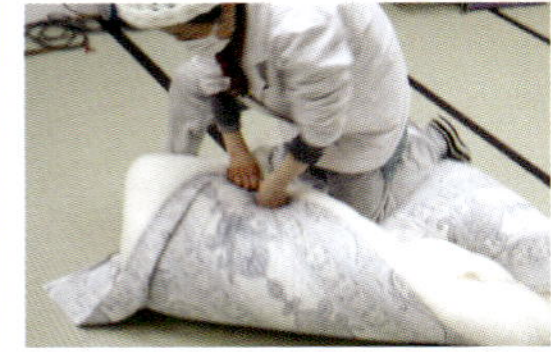

7 **引き返し①**。布地と綿を一緒に巻き込む

8 **引き返し②**。布地の返し口を下にして立てる

9 **引き返し③**。布地をひっくり返して綿を包みこむ

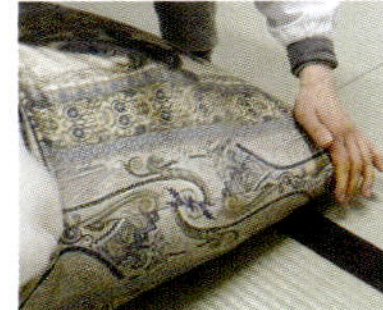

10 **角出し**。船の舳先のようにしっかり角をつくる

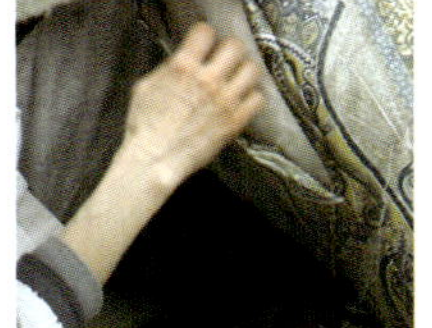

11 **口くけ**。綿の返し口をくけ合わせる

12 **のしつけ**。綿のしわを取り布地に含ませる

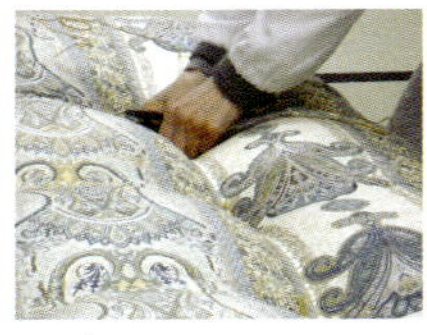

13 **中綴じ**。布団の中面を飾り糸でとじる

14 **角綴じ**。角を飾り糸でとじる

15 **完成**。三つ折の状態

はじめに

実家の押入れや物置には、昔の布団が大きな風呂敷や布団袋に入れてしまってあるという人も多いのではないでしょうか。本書の6章の著者・佐藤修さんは「押入れや物置の中にお宝の布団ワタが眠っていることがある」と言います。いまや家庭から出る粗大ゴミのトップは布団だそうですが、押入れや土蔵などに眠っている昔の布団に詰められたワタは昨今なかなか手に入らない良質なワタが多いといいます。

古いものを処分するというので、捨てられそうな布団を引き受けて、硬くなったワタを開き、塵を除き、新たなワタを補いながら梳きなおして綿帯にしていくと、良質なワタを使っていたかつての布団は見事に蘇生し、高級布団に生まれ変わるそうです。大量生産・大量消費、廃棄が美徳のような時代はとうに過ぎ、いまや環境にやさしく、再生や使いまわし、リサイクルしてゴミを出さないことが時代の趨勢になりつつあります。フェアトレードや環境に負荷をかけない「エシカル」な暮らしが求められるなか、布団の打ち直しはまさにその先端にあるともいえそうです。

棉が日本に伝来したのは、平安時代。三河に漂着したインドの青年によって種子がもたらされたようですが、このときには普及しないまま終わります。次に伝来するのが応仁の乱のあとの戦国時代。群雄割拠の当時は、各地の武将たちが兵士の衣服の原料に棉を求めたため、急速に需要が高まったようです。家来が寒さに打ち震えているから、棉を送ってほしいと李氏朝鮮の国王にお願いしている文書も残っているとか。戦国期を通して棉栽培は拡大し続け、江戸時代前半の1700年代にはピークを迎えます。棉栽培で財産を築いた農民も現われます。

絹や苧麻と並ぶ三大衣料繊維といわれる棉ですが、棉は農家の兼業収入を得る手段ともなったようです。棉を栽培しなくとも、収穫したままの原綿を織元から預かって綿繰りをして繊維だけ取り出したり、綿繊維のかたまりから糸を紡いだりするなど、いろいろに「稼ぎ」ができる素材だったからです。この分業できることが生産も社会も変えたようです。

明治の初めまで盛んに栽培された棉は、明治の前半期に急速に衰退します。そのきっかけは輸入綿の関税撤廃でした。近代化を進める明治政府はイギリスから紡績機を輸入しますが、当時日本で栽培していた、いわゆる和綿の繊維は短いためにこの機械には使えなかったそうで、機械を払い下げられた企業は輸入綿一辺倒となり、輸入関税撤廃に動きます。帝国議会では10年近く紛糾したようですが、結局関税撤廃となり棉生産は衰退に向かいます。その後はアジア・太平洋戦争の戦中・戦後の時期に綿輸入が途絶えたため、国内生産が一時的に復活しますが、戦後は衰退し、今日では農水省の生産統計にも載らないほとんど自給率ゼロといわれる状態になってしまいます。ＴＰＰやＦＴＡなどの貿易協定の時代にきわめて示唆的な棉生産の歴史ではあります。

「衣の自給率がほぼゼロ」といわれるなか、国内で生産した棉で綿製品をつくろうとする動きが出てきました。全国コットンサミットに集まる人々です。

本書は、このコットンサミットに集う人々の力を借りながら、ワタの植物としての特徴、利用の歴史、ワタ栽培の復活の動きと具体的な栽培法、収穫後の綿繰りから綿布を織る過程、最後に布団ワタの再生についてまとめています。

先に紹介した布団打ち直しの佐藤さんの話では、最近30代の人たちも布団の打ち直しに来るようになったそうです。

棉の栽培、利用を通して、時代の流れを感じていただく一冊になれば幸いです。

農山漁村文化協会

２０１９年３月

生活工芸双書　棉わた……目次

5章 ワタが布になるまで……99

6章 ワタを利用する……133

1章

植物としてのワタ

植物としての特徴

知っているようで知らないコットン。昔からあって、誰もが生まれた時から肌に触れて、みんなが知っているつもりのコットン。でも、本当に知っているのかな。何となく知っているだけなのではないかな。例えば「草か木か」「一年生か多年生か」「分類としては何に属するのか」「近隣種はどんなものがあるのか」「どこで生まれたのか」「和綿は日本の原種か」「色のついた綿があるのか」などなど、よくよく考えれば知らないことだらけ。

漢字の「ワタ」にも、木へんの「棉」と糸へんの「綿」がある。木へんの棉は植物としてのワタに使われ、糸へんの綿は綿花の繊維になってから使われている。最近ではすべて糸へんの綿が使われているようだが、とりあえず、ここでは棉で書いていくことにしたい。

●植物学的な分類と位置づけ

学問的に、植物を分類する方法で棉を見てみよう。

大分類から下に行くほど小分類になる階層構造で分類表が構成されている(表1)。下から読むと、種属、科目となるので覚えやすい。棉はアオイ目、アオイ科ときて、属の階層で棉*genus gossypium*（ジーナス・ゴシピウム）となり、これがさらに種になると*barbadense*（バルバデンセ）や*hirsutum*（ヒルスツム）などの名称で呼ばれる。

表には7つの種があるが、現在、植物学的には約50の種が見つかっている。この中から繊維として優れているので人間が栽培したのが、*barbadense, hirsutum, arboreum*（アルボレウム）, herbaceum（ヘルバケウム）の4つの種で、原産地はそれぞれペルー、メキシコ、インド、イランと考えられている。植物学的な言い方では、属と種を並べて*gossypium barbadense*となり、略式で*g.barbadense*となる。

表1　棉の植物分類上の位置

界	kingdom	植物	plantae		
門	division	被子植物	magnoliophyta		
綱	class	双子葉植物	magnoliopsida		
目	order	葵	malvales	※	
科	family	葵	malvaceae		
属	genus	綿	gossypium		
種	species	綿	g.barbadense	pelu	commercial
			g.hirsutum	mexico	commercial
			g.arboreum	india	commercial
			g.herbaceum	iran	non-commercial
			g.sturtiarum	australia desert rose	non-commercial
			g.thurberi	arizona wild cotton	non-commercial
			g.tomentosum	hawaiian wild cotton	non-commercial

※アオイ(葵)目:
オクラ、イチビ、タチアオイ、マシュマロー、ワタ、ハマボウ、ムクゲ、ローゼル、フヨウ、ゼニバアオイ、ゼニアオイ

この4種の特徴をまとめると次のようになる。

① *Gossypium Barbadense*　ゴシピウム・バルバデンセ。ペ

ルーが起源とされる染色体26個の綿花。現在のペルーで栽培されるアスペロやタンギスが近い。長繊維種もこれに属する。ただしバルバデンセがすべて長繊維種ではない。

② *Gossypium Hirsutum*　ゴシピウム・ヒルスツム。メキシコが起源とされる染色体26個の綿花。この2種がアメリカ大陸起源。言いにくいのでアップランドという。世界で栽培される綿花の97%がこれに属する。中繊維種。

③ *Gossypium Arboreum*　ゴシピウム・アルボレウム。アジア起源でインド、パキスタンが発祥。染色体は13個。紡績には向かず布団の中綿用。生産量は極小だが、デシ綿と呼ばれ、ベンゴール、シンド、オムラなどが今でも取引される。太くて短い繊維。支える力がある。和綿の先祖。手紡ぎなら糸になる。

④ *Gossypium Herbaceum*　ゴシピウム・ヘルバケウム。アジア起源でイランが発祥。染色体は13個。アレキサンダー大王が広めた。今では商業ベースでの生産はなく、「幻のヘルバケウム」と呼ばれる。

バルバデンセとヒルスツムはペルーとメキシコが原産で、アメリカ大陸綿、新大陸綿などと言われている。染色体が26本あり、四倍体と呼ばれる。アルボレウムとヘルバケウムはインドやイランなどが原産とされ、アジア-アフリカ綿と呼ばれている。染色体は13本で、これは二倍体の棉と言われる。ちなみに、二倍体と四倍体の交配はできない。

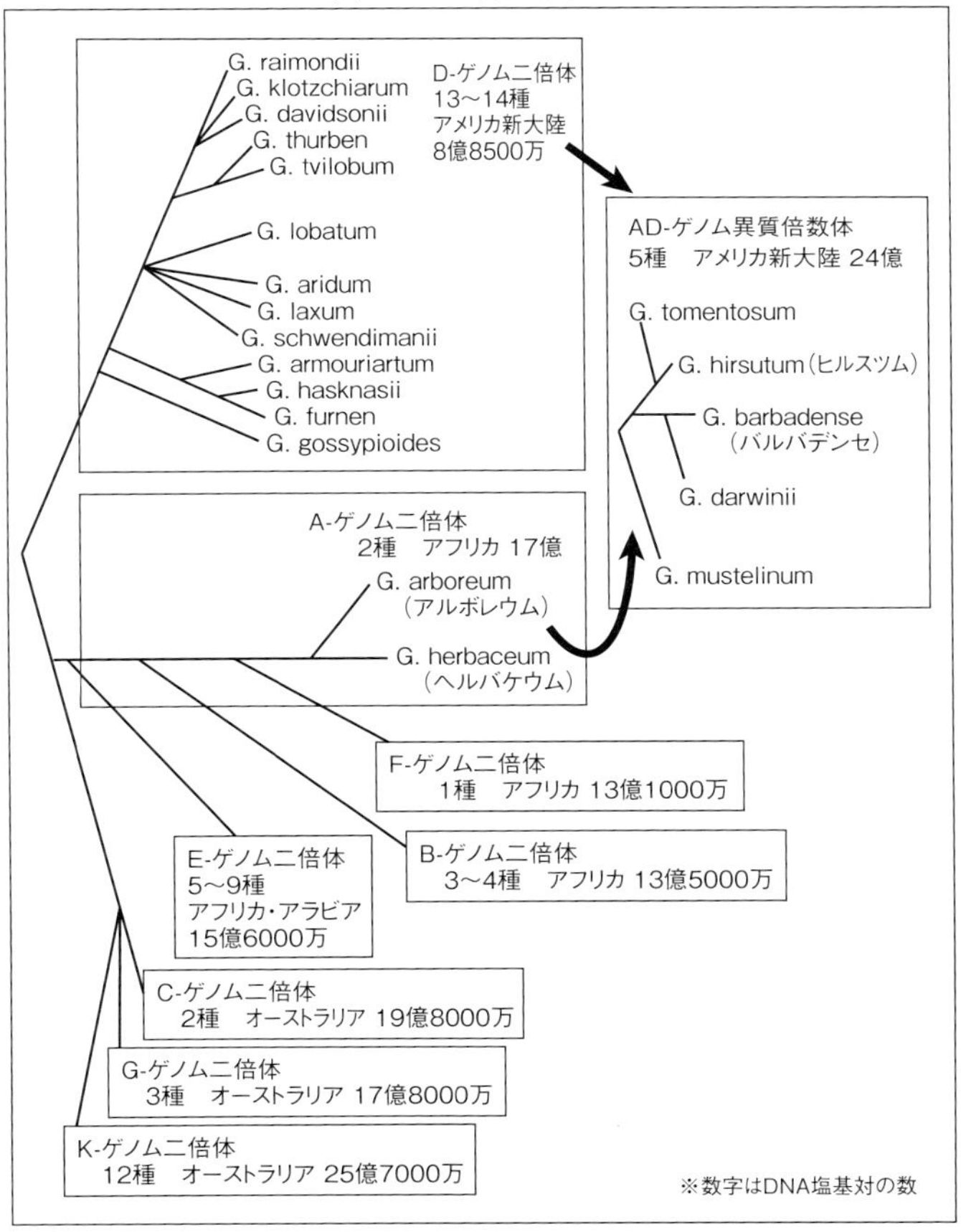

◇ワタ属50種の遺伝子的な分類と分布

50種の系統樹は図1のような形になっている。図中の数字は、百万単位のDNA塩基対のことで、AD-ゲノムの*allopolyploids*（異質倍数体）に24億とあるのは24億のDNAのA、T、C、Gの塩基対があるという意味。ちなみに人類の塩

図1　ワタ属の系統図

基対は30億といわれる。棉の生命力と特異な機能はこの24億のDNAにあるということかもしれない。

位置的に見ておいてほしいのは、アフリカのA-ゲノムの二倍体にアジアが発祥地とされるアルボレウム(*arboreum*)とヘルバケウム(*herbaceum*)があること、新大陸のD-ゲノムの二倍体に*raimondii*があり、このAとDが合わさって異質四倍体AD-ゲノムのバルバデンセ(*barbadense*)とヒルスツム(*hirsutum*)が生まれるというところ。今日の商業的重要性を持つ2つの種であるヒルスツムとバルバデンセが新大陸でA+Dの特異な形で生まれたことだ。

●棉の発生環境と特徴

棉は、世界のいろいろな場所で進化して、いろいろな特徴を持つようになり50を超える種になった。背の低い草のようなものから、15mを超える木まで、繊維もほとんどないものや、たっぷりあるものなどがある。今の栽培種は一年生になっているが、元々は多年生が多かったと思われる。バルバデンセの先祖に近いペルーのアスペロは、今でも多年生の木で栽培されている。

この中でアメリカ大陸生まれのバルバデンセとヒルスツムは、よく似た環境に生まれている。日照が強く乾燥していて雨が少ない。風が強くて、岩や砂地のアルカリ土壌、養分が少ない乾燥地帯。アフリカ-アジア綿のアルボレウム、ヘルバケウムも同じような環境だと思われるが、もう少し雨が多く、土壌のアルカリ性もさほどではなく、養分もありそうだ。日本で現在栽培されている洋棉や和棉はこの違いを感じさせるものがある。

この環境で種子を遠くに拡散し、子孫を残すため、この種のゴシピウムは風で飛翔するための繊維を種子の表皮細胞から生やすようになった。これはタンポポやアザミと同じだ。

綿繊維の表面にあるキューティクルは撥水性がある。種子が成熟して風に乗って飛ぶ前に、雨水を含んで落ちてしまわないように、また風に飛んで川や湖、海に沈まずに浮くようにできている。しかし、長い旅の果てにキューティクルが剥がれ、その下のワインディング層がむき出しになると、少しの水でも、これを吸い込んでそこに定着する。まるで水センサーのようである。そうなると種子も水に濡れ、発芽することになる。だから棉の種子は播種する前に水につけて発芽の準備をさせるわけだ。また吸水性のある綿にするには、キューティクルを剥き取る必要があることもわかる。

棉は俗に〝肥料食い〟とか〝食いしん坊〟とか、連作は向かないと言われる。これはおもにアメリカ大陸生まれの棉の性格で、養分と水の少ない土地で懸命に生きてきた先祖の性格が残っていて、養分があればありったけ吸い上げるからのようだ。このたくましさが栽培品種の棉の収穫量や品質に役立っているわけ

だが、土地がやせ、連作は避ける、ということになる。そこで近代的な綿花栽培は、このたくましい棉に大量の肥料と農薬を使い、大量の綿花を作らせ、クロップ・ローテーション（輪作）で土壌の疲弊を避ける方法で行なわれる。この点では、和綿の系統はそれほど連作への影響はないと言われている。

●棉の木、葉、花、繊維の形状

バルバデンセとヒルスツムとアルボレウムの違いを筆者の綿花栽培から見てみよう。バルバデンセの超長綿の系統で、シーアイランド・コットン、スーピマ、スビン。ヒルスツムは韓国のものと茶綿と緑綿、アルボレウムは鳥取の伯州綿とシソ綿である。

大きさでは、バルバデンセ＞ヒルスツム＞アルボレウムの順になる。生育期間の長さも同じで、大きくなるほど時間がかかる。逆に、開花の時期、コットンボールの開絮（かいじょ）の順番は、アルボレウムからヒルスツムとなり、最も遅いバルバデンセは12月までかかる。

次に葉の拡大した写真を見てみよう。人の手に例えると、バルバデンセは手のひらがなく指だけ、ヒルスツムは逆に手のひらだけ、アルボレウムは指と手のひらがあり、八つ手の葉のように見える。

花も見てみよう。

ヒルスツムの韓国種と緑綿は白い花だが、茶綿の花はきれいな赤になり、スクエアと呼ばれる莢（さや）もコットンボールも赤い。どの系統の花も開花後翌日には萎（しお）れて色が変わり、赤くなる。この点は、近隣種の芙蓉などと同じだ。アルボレウムの系統の花は、下を向くことが多い。

バルバデンセのコットンボールは次ページの写真。丸いのも細いのも、先が尖がっているのも、種類によっていろいろある。中の繊維が長さの成長のあと、太さの成長が始まると内圧が高まり、蒴果（さくか）の縦の切れ目が開いて開絮に至る。その後さらに乾燥して「天然の撚り」がかかってくると、房状の綿花は広がってさらに大きくなり、収穫の時期を迎える。

バルバデンセ（スビン）

ヒルスツム（韓国）

アルボレウム

バルバデンセ（スピン）

その綿と種子の状況を見てみよう。

繊維と種子を分ける作業を繰り綿というが、バルバデンセの系統は簡単にスルッと外れて、スイカの種子を厚くしたような黒い種子が出てくる。シーアイランドとスーピマもこの系統になる。一方で、ヒルスツムとアルボレウムは種子から繊維が外れにくく、短い毛（ファズ・リンター）が残る。つまり、種離れが悪い。実際の綿産国での繰り綿（ジンと言う）は、この２つの性格に合わせて、バルバデンセには「ローラージン」が使われ、ヒルスツムには「ソージン」が使われる。ローラージンは「種子を押し出す」、ソージンは「種子から繊維をむしり取る」という機能の違いがある。

バルバデンセ（スーピマ）

バルバデンセ（スーピマ）の綿と種子

次に繰り綿した繊維について。

「ステープルを引く」という作業で繊維を平行に揃え、長さを見る。これは、両手の指でする作業で、慣れないと難しい。ただ、綿畑でこれができるとプロと見なされる。これができない人には、綿は売ってくれないということになるかもしれない。

バルバデンセのシーアイランドとスーピマの長さは３・５cm以上、ヒルスツムでは２・５cmぐらい、アルボレウム伯州綿は２cm以下となる。かなり違いがある。

●ワタの繊維特性

東京の自宅の庭で栽培した綿花でも、手紡ぎで糸にして織ったり編んだり、晒して染めていろいろ楽しむこともできる。

では、実際に綿産国では綿花の繊維をどう評価するのか。長い短いは「ステープルを引く」ことからわかったが、あとは太さや色の評価が残っている。これを格付けと言い、これによって原綿の価格や製品との向き不向きが決まってくることになる。

ファイバー・プロパティー（繊維特性）は、繊維長、マイクロネア、強度、均斉度、カラーとリーフ・グレードの数値で、HVIという自動検査機で検査されるもの。High Volume Instrument（高速自動格付装置）が使われている。

◎**繊維長**

繊維長は綿の繊維の長さだが、自然のものなので当然長いのも短いのもある。繊維長とは、平均よりも長いほうの半分の、平均の長さをいう。センチメートルの場合と、インチで表す場合がある。綿花の栽培種のバルバデンセ、ヒルスツム、アルボレウムの繊維の長さは前述したが、実際の綿花ではもう少し細かい分類をすることになる。

・**短繊維綿**

短繊維綿は、アルボレウムのインドのデシ綿や和綿などで、機械紡績には向かない。中綿や衛生材料、手紡ぎ用で、太くて短い、2cm以下のものをいう。

・**中繊維綿**

中繊維とは、ヒルスツムの系統で、世界の綿花生産の97％を占める。ある程度の太さで2〜3cmぐらいあり、一般的な織物、ニットに使われる。長いものを中長綿と区別することもある。

・**長繊維綿**

バルバデンセとヒルスツムの2つの系統で3〜3・5cmぐらいまでのもの。

・**超長綿**

正しくは超長繊維綿。3・5cm以上、長いものは5cmぐらいまで。

◎**マイクロネア**

マイクロネアは、繊維の太さの単位、長さにばらつきのある綿繊維を1インチの目方、μg（マイクログラム）で示す。実際の計測はHVIの筒の中に綿花を入れ、空気の通り具合で繊維の太さを推定するもの、ヒルスツムの系統、いわゆるアップランド綿はマイクロネアの数値が4・0から6ぐらいまで、バルバデンセの系統は3・2から4・0ぐらいまでの範囲になる。

◎**強度**

強度は、繊維の束を引っ張って切れる重量を示す、1テックス（1000mで1g）の繊維の束を引き切る力をgで表す。アップランド綿の系統で28ぐらい、超長綿だと40ぐらいの強度。

◎**均斉度**

均斉度は、長さが揃っているか「ばらけている」かの判定で、先ほどの長いほうの半分の長さを分母に、全体の平均を分子にしたパーセントで表す。80%以上だとよい。

◎**カラー・グレード**

カラー・グレードは、色と輝きを見る単位で、機械判定では+bのイエローネスの数値とRd輝きの数値から25段階の判定をする。大きくは5つのカテゴリーがある。

◎**リーフ・グレード**

リーフ・グレードは、ゴミや葉くずの混入の程度を表す数値。HVIで綿花の表面をスキャンしてゴミの量から判定する。

数値には表れないが、繊維の成熟度や天然の撚りの強さなどの判定も重要で、製品の品質や風合いに影響する。

●綿繊維の構造

綿の繊維は前述のように2～5cmの長さで、目方はおよそ30～60μg（1／100万g）、太さは12～20μm（マイクロメートル）で、0・012～0・02mmのサイズ。この中身には1000万年近くかかった棉の進化の奇跡がぎっしり詰まっている。これを人類が工業的に作るのはたぶん不可能だが、綿の木は水と炭酸ガスと太陽エネルギー、微量なミネラルで簡単に作ってくれている。

この1本の綿繊維の微細構造から見てみよう(図2)。

【表皮】

まず表皮、前述したキューティクルだ。ペクチンという多糖類とワックスでできている、丈夫で撥水性のあるカバーがある。コットンボールが雨に濡れて落ちないように水をはじき、成熟してコットンボールから棉の房が風に飛んで、長旅の末にこのキューティクルが破れて、水を吸うようになる。すると、水センサーとなり水のあるところで定着し発芽するしくみだ。これがあるので、紡績でも手紡ぎでも滑りがよく、スムーズに繊維をドラフトして細くできる。これを、表皮の下にあるワインディング層を傷つけないように上手に剥いて、水を吸って染色もできるようにするのが綿糸の精練工程の役割ということになる。

図2　綿繊維の構造

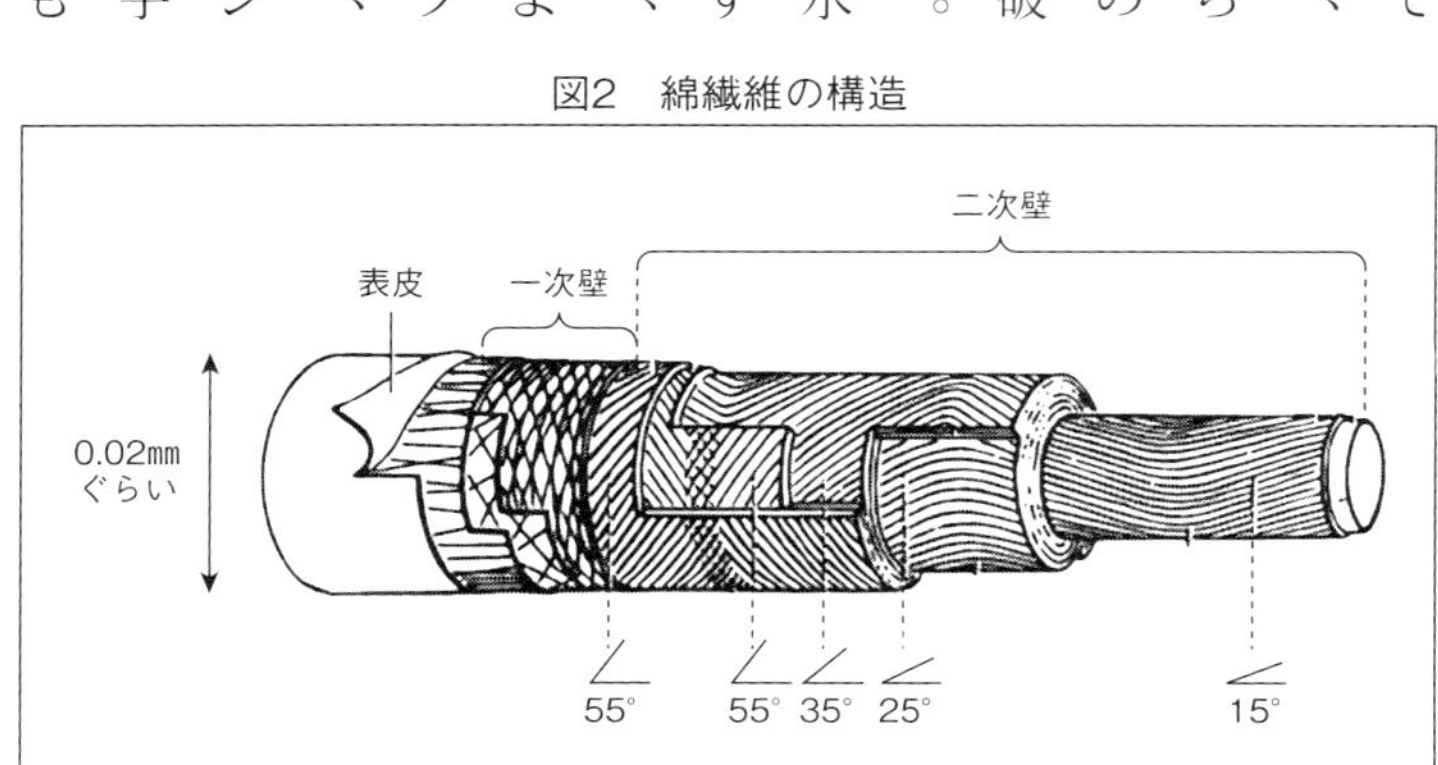

【一次壁(ワインディング層)】

表皮の下には、セルロースの束のミクロフィブリルがネット状になった一次壁である、ワインディング層がある。ここは水を吸う。その役割は綿繊維の構造を内側に締め付けること、例えればストッキングのようなものといえる。繊維の劣化の一つ

にフィブリル化があるが、ワインディング層が破れて締め付けがなくなると、二次壁の層のミクロフィブリルが広がって、縦に裂けてバラケてしまう。

【二次壁】

ワインディング層の下が二次壁。綿繊維の重量の80％を占めるこの二次壁は、セルロースの高分子が100本ほど束になり、ミクロフィブリルを構成して薄い層状に重なっている。これをラメラ構造と呼ぶ。β-グルコースの分子の形が影響して、重合したセルロースの束が、ルーメンの内側から張り付く時に傾斜がつく。繊維の肥厚成長時に内から外に押し上げていくので、二次壁のミクロフィブリルは外側ほど傾斜に角度がついてくるが、内側は比較的まっすぐに近くなる。またこの傾斜は一方向のらせん状でなく、適当な間隔で逆回転（リバース）している。

【ルーメン】

最後に中空のルーメンがある。伸長成長と肥厚成長の間、ルーメンはβ-グルコースを多く含んだ細胞液に満たされている。このβ-グルコースが互い違いに向き合って結合したセルビオースになり、それが2000～1万4000個重合してセルロース分子になり、内壁に重なりながらミクロフィブリルを形成していく。この間、β-グルコースの濃い細胞液が高い内圧で内側から押し上げていくので、繊維が太くなり、マイクロネアが高くなる。この作業が昼暑く、夜寒い環境でしっかり繰り返されると、厚くて柔らかい層と、薄いけれど硬い層ができ、張りのあるよいラメラ構造になる。この繊維は綿花の種子の細胞から伸びてきているので、表皮側には細胞核などの細胞構成物があり、DNAもある。

やがて成長が止まり、細胞液がなくなると、繊維は扁平になり、先ほどのリバース・ポイントから天然の撚りが生まれてくる。この縮れが繊維同士の絡みを保ち、紡績のドラフトにも必要になるし、繊維の間に毛細管現象で水を含むときにも必要になる。この天然の撚りが加工で失われないようにするのが、よいモノづくりの基本というわけである。

天然の撚りの間隔や縮れの大きさは図3のように品種によっ

図3　棉の種による天然の撚りの比較

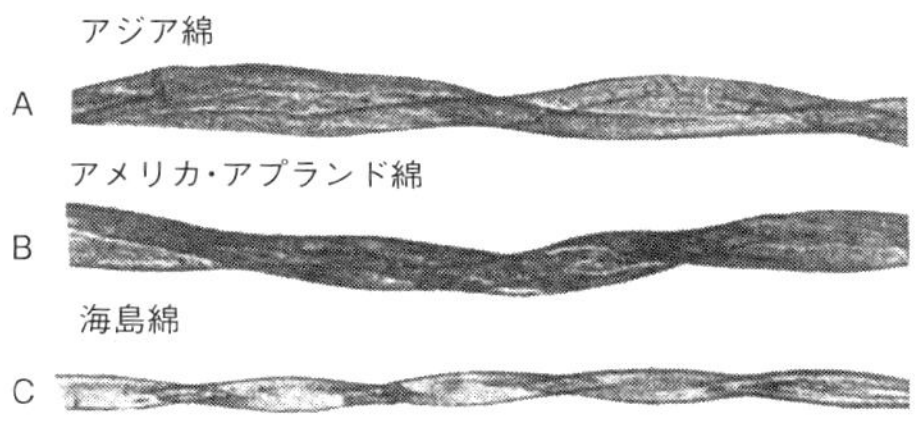

〈綿繊維の天然撚り〉

図4　綿繊維のリントとリンター、ラメラ構造、年輪のように見える

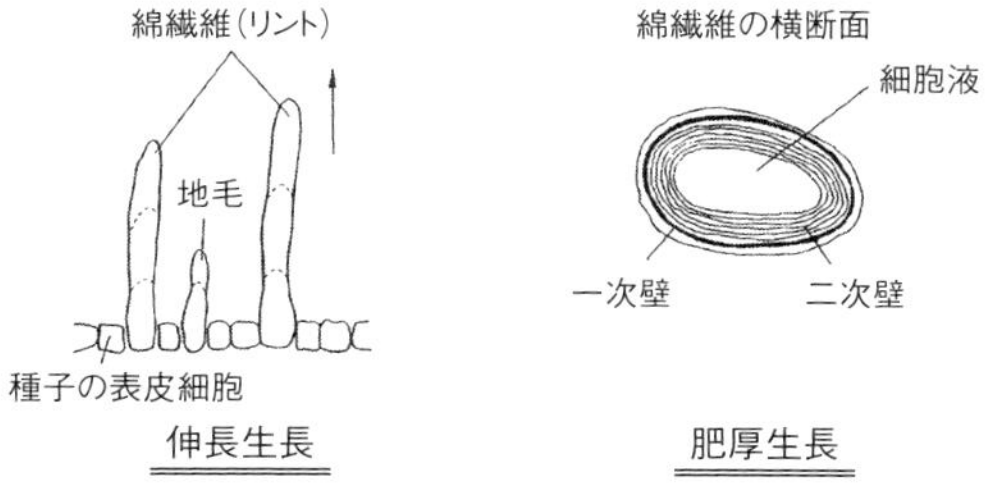

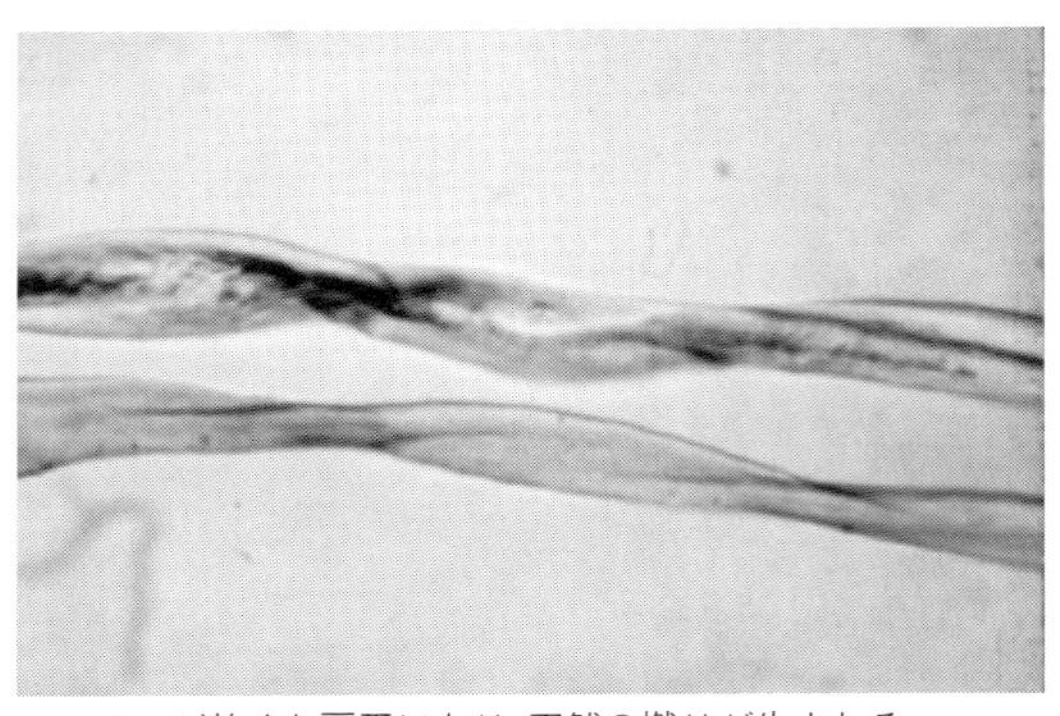

ルーメンが乾くと扁平になり、天然の撚りが生まれる

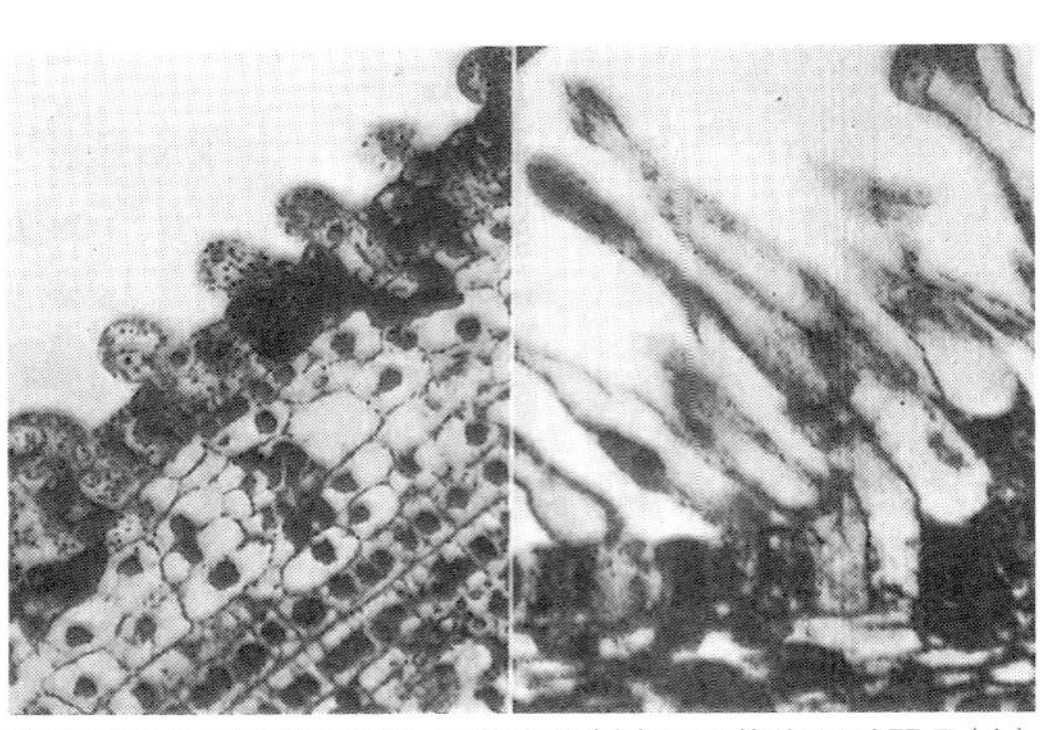

表皮細胞から伸びる繊維、開花直後(左)と開花後24時間目(右)

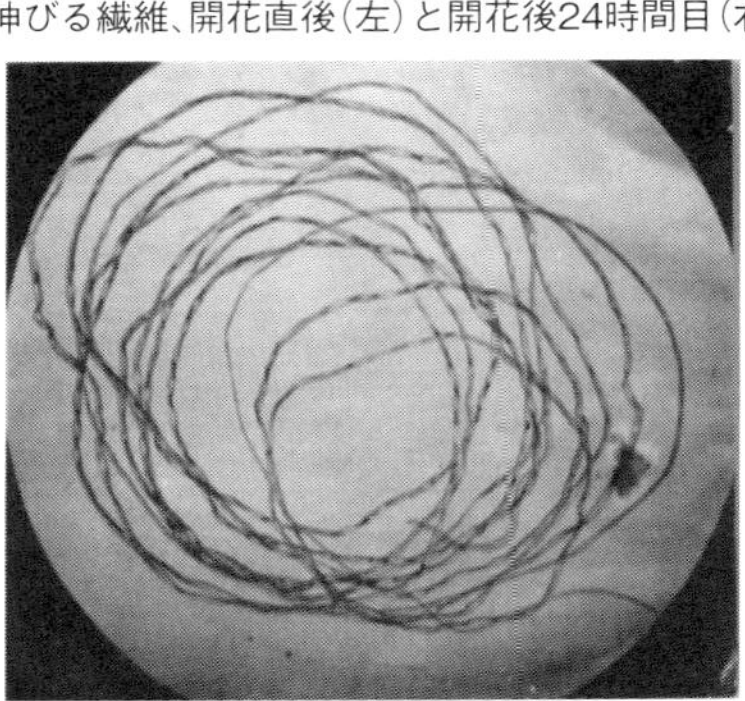

1本の綿繊維

て変わる。また絡みの強さは天然の撚りだけでなく、繊維の長さも関係する(図3~10の出典は綿業振興会)。

◎繊維の長さ

表皮細胞から生長する綿繊維は長いリントと短いリンターがある。リンターは再生繊維キュプラの原料である。

◎天然の撚り

天然の撚りは、繊維が太いと大きくて間隔が空き、細いと小さくて間隔が詰まる。紡績の糸の撚りの強弱に関係し、製品のボリュームやバルキー性(嵩高性)に関係する。

◎繊維の硬さ

β-グルコースが重合したセルロースの分子は、ミクロフィブリルとなり二次壁に層状に並んでいて、隣同士がお互いの水酸基(-OH)で水素結合している。結合の密なところはミセル領域、隙間のあるとこ

図5　ルーメンの構造

一次壁
二次壁
ルーメン

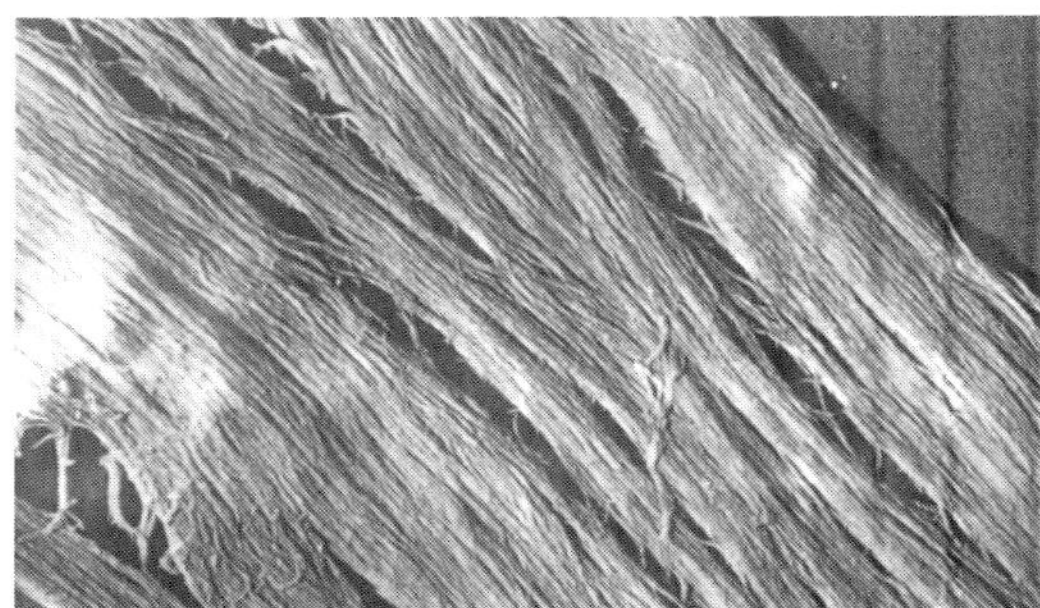

綿繊維の二次壁、ミクロフィブリルの構造。ミセルと非ミセルの比較

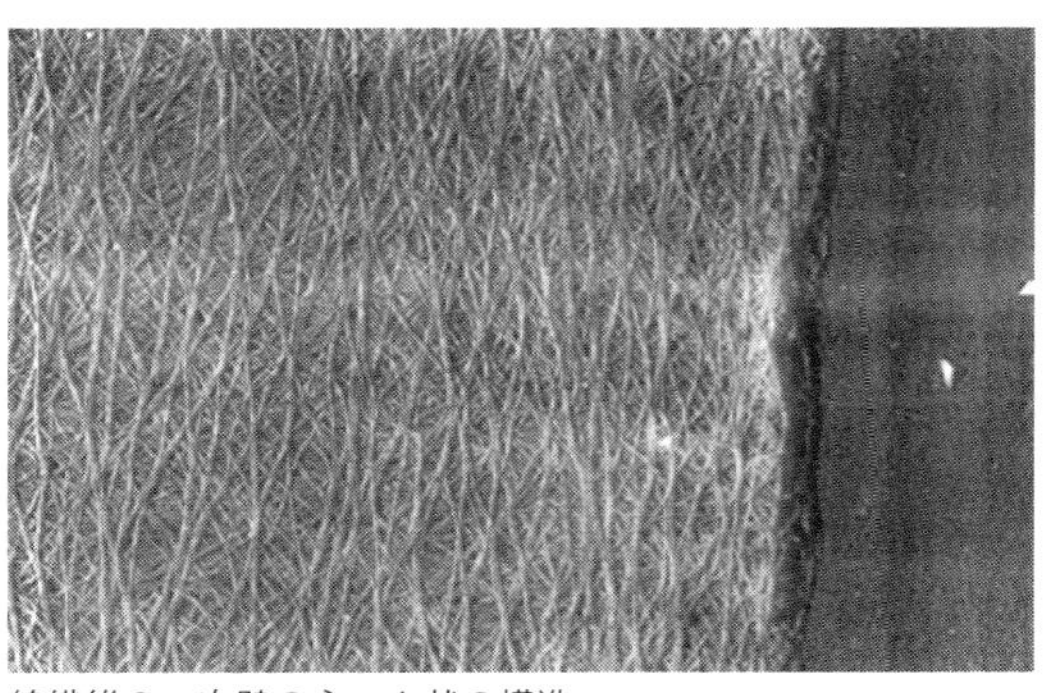

綿繊維の一次壁のネット状の構造

ろは非ミセル領域である。この比率は結晶化度と呼ばれ、綿繊維の硬さに関係する。

◎フィブリル化(二次壁の縦割れ)のメカニズム

二次壁のらせん構造の方向がリバースするポイントが、天然の撚りの縮れのピークになり、引っ張られ続けることで、この部分のミクロフィブリルの非ミセル領域からフィブリル化が始まるようである。膨潤の2つの画像は、乾燥した扁平の綿繊維に水やアルカリを含ませると、二次壁の非ミセル領域が大きく膨らんで、ルーメンがなくなり、内圧がワインディング層のネットを押し上げる。乾けば元のサイズに戻るが、非ミセル領域が増え、水素結合の場所もずれてくる。

図6 ミクロフィブリルの構成の違い。綿繊維(上)とレーヨン

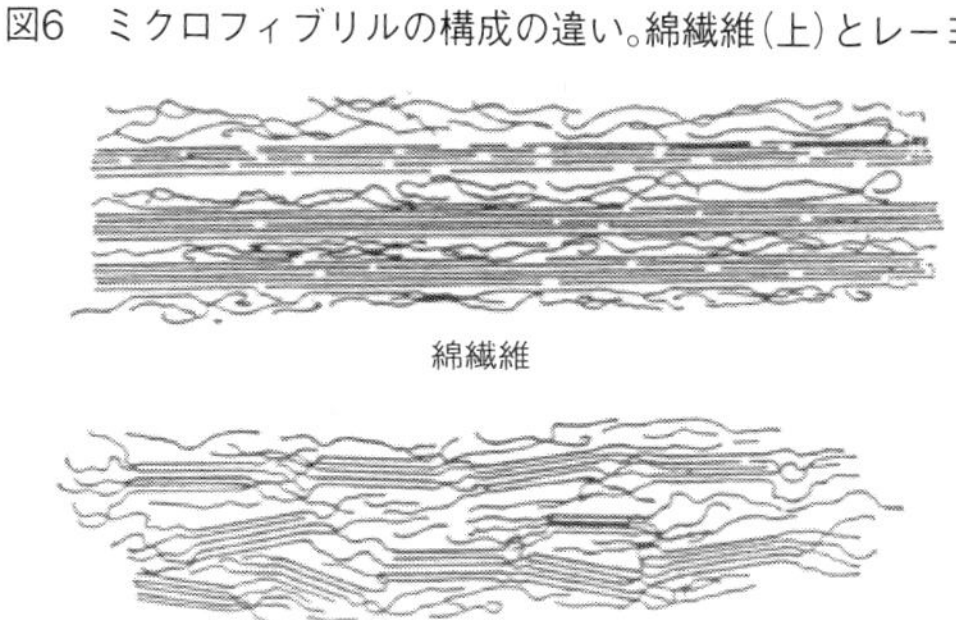

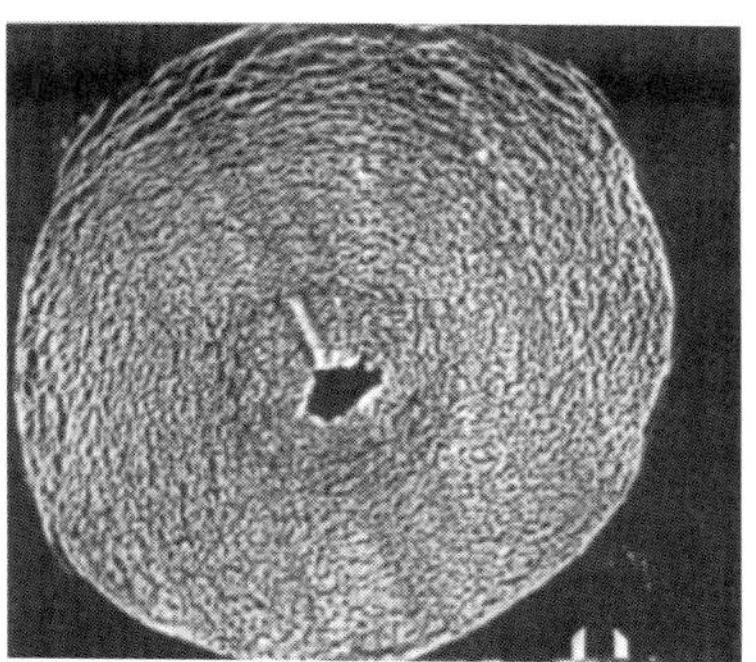

膨潤させた綿繊維の横断面

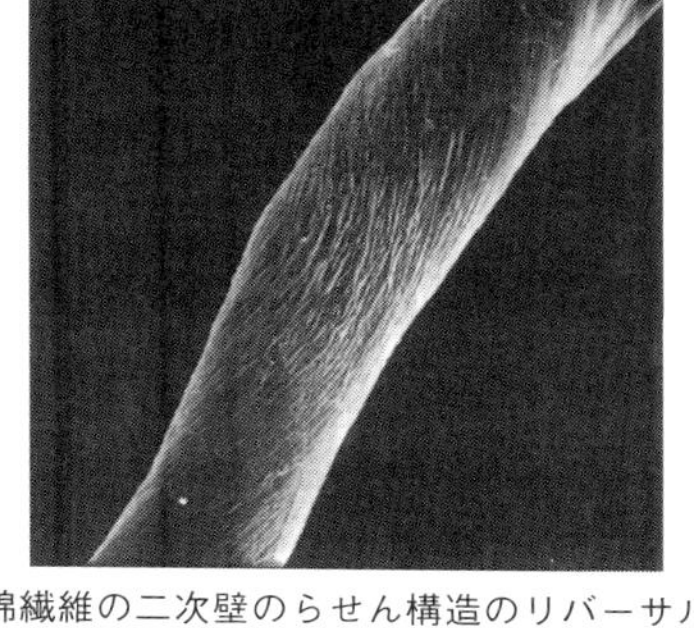

綿繊維の二次壁のらせん構造のリバーサルポイント

◎二次壁の形成のプロセス

では次にミクロフィブリルを構成するセルロースの重合と、その単体分子のβ-グルコースを下の写真で見てみたい。

まずグルコースの化学構造から。グルコースにはαとβの2つがある(次ページ図7)。分子式は$C_6H_{12}O_6$でαもβも同じ。形もほとんど同じで、構造異性体と呼ばれる。わずかに違うのは右端の水素と水酸基がβでは逆になっていること。ここが違うとどうなるのか。α-グルコースはブドウ糖で、「お砂糖」といってもよい。そしてα-グルコースも重合して、分子の間のH_2Oを1つ外して繊維になる。これが「綿あめ」。食べるとすぐ溶けて甘い。H_2Oを1つ戻してやればすぐに単体に戻る。

β-グルコースは左右のつなぎ目の水素と水酸基が逆なので、β-グルコースの分子が互い違いにひっくり返りながら重合し、分子の間のH_2Oが1つ外れる。このひっくり返った1対の分

薬品で膨潤化した綿繊維の中の一次壁。一次壁の安定性がわかる

図7　α-グルコースとβ-グルコース

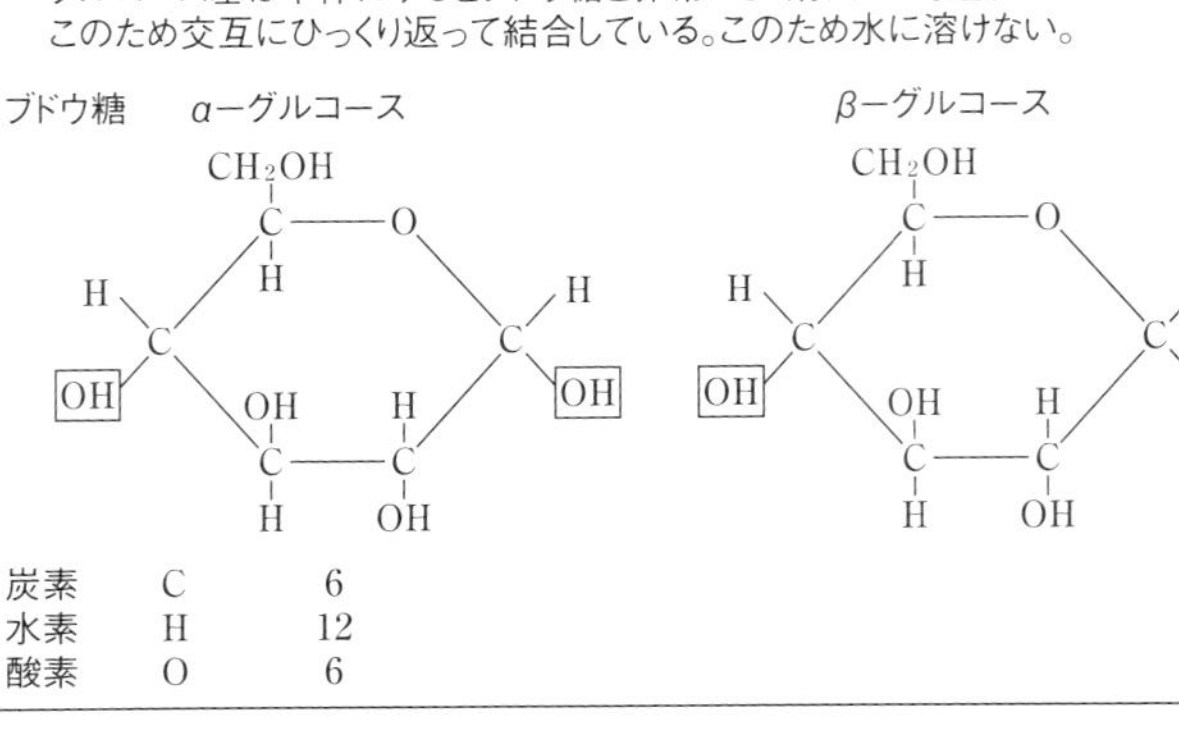

子をセルビオースという。これがセルロースである。β-グルコースとセルビオースの重合の様子を見てみよう(図8)。

　このβ-グルコースの互い違いの重合物がセルロースで、セルビオース分子で2000~1万4000個も繋がっているが、なめても溶けないし甘くもない。単体からH_2Oが1個外れて重合したのだから、戻せば重合が外れると考えがちだが、ここがα-グルコースと違うところ。セルロースの重合を解くにはセルラーゼ酵素が必要になる。草食動物やカメレオン、葉を食べる昆虫などはセルラーゼ酵素を作る微生物を消化器官に持っているので、セルロースを分解してグルコースとして消化吸収できる。人間もこのタイプの微生物を体内に持つことになったら、「野草を食べて太れる」ことになる。

　もう一つ覚えていただきたいのは、β-グルコースには水酸基が3つもあること。これは官能基といい、ほかの分子と結合する腕になり、水酸基同士ではお互いのOとHが電気的にプラスとマイナスで引き合う水素結合をする。反応染料(染料の分子内に活性基をもち、繊維と化学反応して固着する染料)が定着するのも、アイロンをかけるとピンとするのも、この水酸基のおかげというわけだ。

図8　セルロースの構造

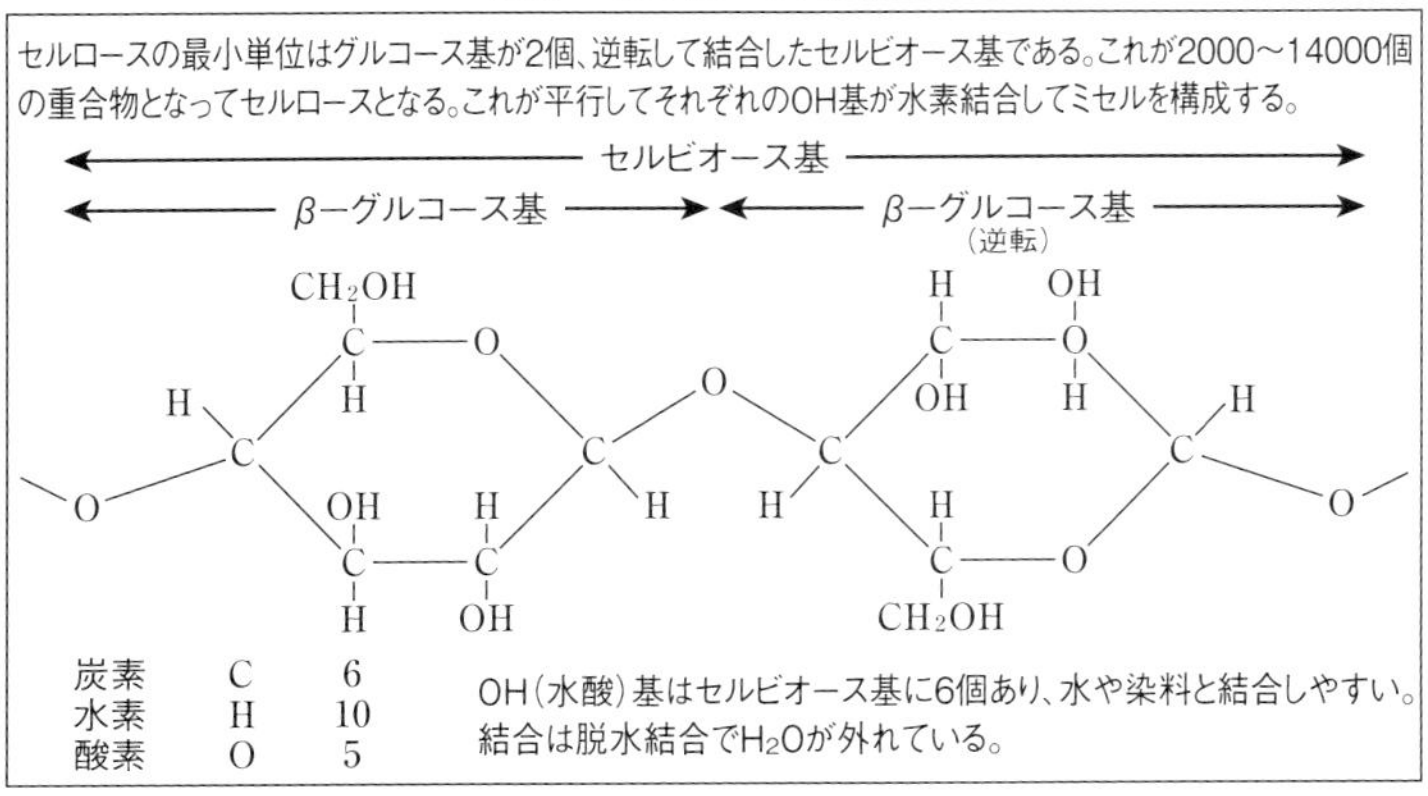

セルロースの最小単位はグルコース基が2個、逆転して結合したセルビオース基である。これが2000~14000個の重合物となってセルロースとなる。これが平行してそれぞれのOH基が水素結合してミセルを構成する。

セルビオース基

β−グルコース基　β−グルコース基(逆転)

CH₂OH　C　O　H　OH

炭素　C　6
水素　H　10
酸素　O　5

OH(水酸)基はセルビオース基に6個あり、水や染料と結合しやすい。
結合は脱水結合でH_2Oが外れている。

　図9は、セルロース分子の模型。上は断面。その下は横からみて、さらにその下はそれを立てた状態。

　次に、このβ-グルコースを棉の木がどうやって生成するのか考えてみたい。

　このしくみは光合成と呼ばれるもので、緑の植物の細胞の中に持っている葉緑体という微細な器官で行なわれる壮大な化学合成プロセス。大気中の炭酸ガス(CO_2)と根から吸い上げた

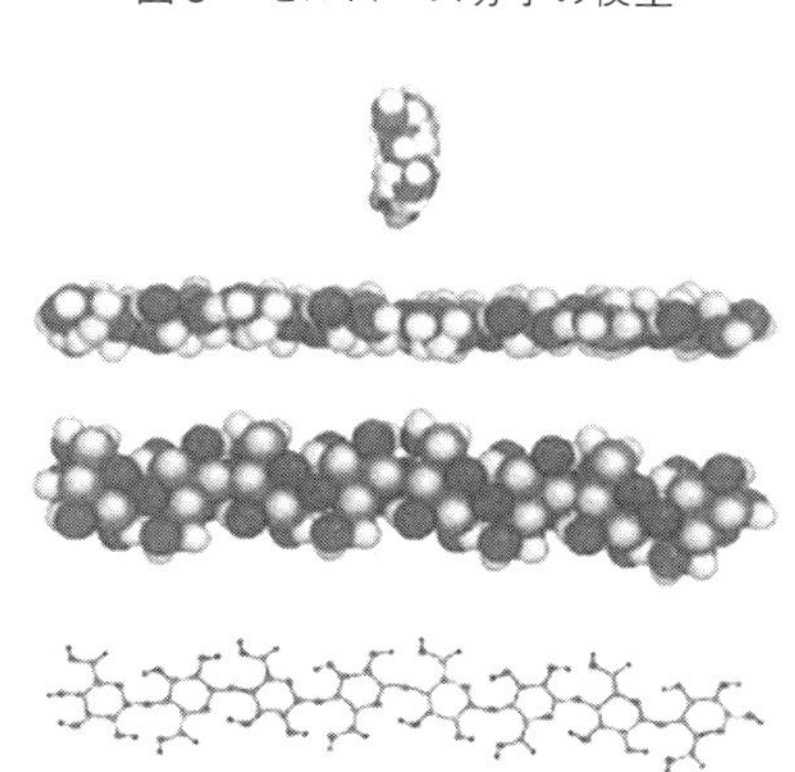
図9　セルロース分子の模型

水（H_2O）を原料として、太陽光の光のエネルギーを使ってグルコースを作る。α-グルコースもβ-グルコースも作れる。このプロセスを化学式で表すと、次のようになる。

$$6CO_2 + 12H_2O + 688kcal \Rightarrow C_6H_{12}O_6 + 6H_2O + 6O_2$$

炭酸ガス6個と水12個に太陽のエネルギー688㎉で、グルコース1個を作り、余った水6個と酸素分子6個を排出する。これを人類が工場でやろうとしたら大変なことだ。そして何より地球温暖化ガス（CO_2）を消費し、綿繊維を作ってくれて、おまけに酸素を出してくれるので環境的にもうれしい。一方の合成繊維は、原料もエネルギーも石油で、炭酸ガスを出しながら作られる。

そして、このグルコースは単体で棉の木の樹液に入り、木の全身に回り、幹や枝、花や蒴果、そして綿の繊維になる。この繊維を作ることが大量のグルコースを必要とし、ルーメンの細胞液には高い濃度が求められる。そのため、棉の木の樹液は甘く、害虫を強く誘引してしまう。とくに蟻は喜ぶ道理。蟻ときたら、葉の付け根やつぼみの下の葉脈の太い所をかみ破って樹液を吸うので、傷跡が残り、花の咲き方も弱くなってしまう。

棉の栽培をすると湧いてくる疑問の一つに、棉はなぜ他の植物のように一斉に花が咲き、一斉に実がなることがないのだろうかということである。9月末～10月には1本の木のなかに、開絮したコットンボールがあり、弾ける前の蒴果があり、咲いている花もあって、これから咲くつぼみもあるわけで、とても面白く、楽しめるけれども、棉の木にしてみると繊維にする原料のβ-グルコースを作るペースに限りがあるというところだろう。

●綿繊維の特徴

綿繊維の良さ、魅力を質問すると、「肌触りがよい」、「柔らかい」、「吸水性がある」などの答えがすぐに返ってくる。ふだんからなじみのある繊維として、使い慣れているので簡単に答えられるのだろう。しかし、ジーンズが綿でないと思っている子供たちもいる。なぜなら「綿は柔らかいのに、ジーンズは硬いから違う」というのだ。

綿のよさや特徴も、製品作りの過程で変わってしまうことも多い。しわができないように樹脂加工をしたり、形態安定のホルマリンやアンモニアのガス加工をしたり、わざわざ汚したり劣化させるダメージ加工などがある。こうした加工は、綿のよさがなくなり、環境へのインパクトが増え、耐久性を損なうものだが、流行やファッションとして普及していることもたしかだ。

柔らかさを追求して、紡績で撚りをかけた糸を熱水溶解糸で解撚して、超甘撚りの糸にする方法も流行っている。当初は柔らかいが、耐久性が少ないので、長くは持たない。

もう一度、よくも悪くも綿繊維の性格や特徴をしっかり理解して、作る人にも使う人にもよい綿製品を長く楽しんで使うことを考えてほしい。それがサステイナブル(持続可能性)な綿の使い方の第一歩だろうと思う。

◇綿繊維の魅力と効用

綿花の長所を表にした。綿繊維の内部の微細構造と合わせて解説をつけてみた(表2-1、表3、図10)。

一方で欠点もある(表2-2)。優れているところと表裏の関係になるものもある。欠点を綿の特徴として考え、製品に生かし、楽しめばよい。欠点以上に優れているところはたくさんあるのだから。

綿の魅力は、柔らかさもあるし、硬くて丈夫なところもあるというところにある。だから用途によって綿を選ぶことができる。しわも経時変化も綿の味わいの一つ。長く付き合う、好みに合わせて育てる、これができるのが綿、ともいえる。

しわのできるしくみの説明に加えて、アイロンでしわが取れるしくみも付け加えておこう。しわの位置で水素結合している繊維だが、その内部構造に高温のスチームを吹き込むと、水酸基の間に高温の水の分子が入って結合を解くので、プレスした形態に簡単に変化する。でもスチームの湿気が完全に乾いて、その位置で水素結合が完了しないとまたしわがよる。だから、スチームアイロンをかけてすぐに着るのは意味がない。また、すぐにしわになってしまうからだ。

綿花のよさとして近年注目されるのは、環境負荷が合成繊維よりも少ないことだ。合成繊維の製品は大量に作られ大量に破棄されているが、生分解性が少なく、マイクロプラスチックによる海洋汚染が問題になっている。過去には石油の枯渇から綿への回帰がいわれたものだが、今では海洋汚染などの環境問題から考えられるようになっている。

しかし、今日の地球上で75億人が9300万tの繊維を消費しているわけで、綿はそのうちの2600万tである。つまり6000万t以上が化学繊維ということで、そのほとんどがポリエステルだから、もし綿への回帰が本格的になると、栽培は追いつけなくなる計算だ。栽培面積は食糧作物(飼料を含み)が優先されるだろうから、綿はなかなか増やせない。

賢い消費、無駄をしない消費、リサイクルなどでの原料綿花

表2-1 ワタ繊維の長所

綿の長所	微細構造からみた解説
吸水性・吸湿性か良い	キューティクルを取り除くと、綿繊維はほとんどがセルロースで濡れやすく、吸水性、吸湿性が高い
	ミクロフィブリルの非ミセル領域やルーメンが水を含んで膨潤するので、セルロースの構造自体で吸水容量が大きい
	さらに綿繊維の外側、繊維と繊維の隙間が天然の撚りによって確保されると、水の毛細管現象により、水を保ち、拡散する
	およそ自重の2倍以上の水を含める
	吸水するとき吸水発熱する
	放湿の時に気化潜熱を奪い涼しく感じる
	結合水として公定水分率の水分を持っている(8.5%、標準大気、関係湿度65%±4%で、 20℃±2℃、表3参照)
肌触りが良い	肌触りが軟らか。触っていると癒される(キューティクルのワックスの残り、ミクロフィブリルの非ミセル領域、天然の撚りの弾力)
	形状(角がとんがっていない、切り口がフィブリル化するのでチクチクしない)
保温性がある	適度な保温性がある(セルロースの熱伝導率が低い、天然の撚りの効用で空間を維持する)
	吸水発熱性があり、水分を吸い込むと暖かくなる(結合水、水の分子の自由運動エネルギーが熱に変わる)
風合いが良い	柔らかさ、しわが寄る、風合いの魅力(セルロースの特性として、天然の撚りが戻るときに表情が出る)
	糊を効かせたプレスも良いが、洗ったままのカジュアル感も魅力
	使っているうちに洗いざらし感が出てくる(経時変化でフィブリル化と色褪せ)
通気性	天然の撚りのバルキー性は隙間を維持するので空気の出入りができる
摩擦帯電列	人の肌と綿の摩擦で静電気が起きにくい(図10摩擦帯電列参照)。冬の乾燥した空気でパチパチが起きると、ストレスで内分泌など体に影響があるらしい
非帯電性	非帯電性(結合水と水分量、帯電列)。常に大気中に静電気を放出している
強度・耐久性	強度は十分あり、洗濯・漂白などの加工が容易
	硬くて耐久性がある。破けにくい。濡れると強度が増す(セルロースの特性、重合度と結晶度、濡れると伸度が増し荷重が平均化する)
漂白・染色がしやすい 加工のしやすさ	加工のしやすさ、漂白・染色性が良い。薬品類と反応しやすい(セルロースの特性、反応基の多さと非ミセル領域があるので)(水素結合は加水分解・経時変化で、くっつかなくなり、反応が切れる)
	耐アルカリ性(濃い酸や酵素で分解、アルカリには膨潤するが強い)
環境負荷が少ない 環境に良い	栽培からすぐに繊維が得られる。靭皮繊維のレッティングの必要がない
	生分解性がある。最終的には土に帰る
	再生可能。原料は炭酸ガスと水と太陽、持続可能なシステム
	炭素固定(CO_2を大気から取り込み繊維と土壌に固定)
	光合成でCO_2を吸収し酸素を排出、地球温暖化を抑制する (合成繊維はCO_2を排出)
	サステイナブル。原料から製品までの製造加工でエネルギー比較は綿が良い
高温に耐える(耐熱性)	高温のアイロンが使える。溶けたりしない
	耐熱性(セルロースの特性、溶融しないが235℃で分解、約275℃~456℃で燃焼)
軽さ	軽さ(ルーメンと非ミセル構造、天然の撚りの効用)
	軽いのに強い(隙間は多いが、縦方向のセルロースの重合度が高く、横方向に水素結合があるので強い)
バルキー性	天然の撚りの隙間と絡みの良さでかさ高になる。保温性や感触の良さ、通気性はバルキー性の効用
紡績のしやすさ	キューティクルとワックスが適度にくっつき、かつ良く滑りドラフトがスムーズ。傷がつかない。天然の撚りの絡みの効用、摩擦による発熱も少ない
経年変化と着古し感	色あせも含めて繊維の経年変化を楽しむ。上手な使い方で、使う人の思いや生き方が感じられる。フィブリル化した綿布は赤ちゃんのおむつに最適
総合力が抜群	総合成績が良い。種目別では他の繊維が上もある。繊維の内村航平みたいに
手入れが簡単	洗って乾しておけば着られる、手入れは難しくない
価格が安い	比較的価格は安い
工業分野でのメリット	巨大な設備が不要、比較的小規模から始められ、途上国向き(合成繊維工業は大規模)
	地産地消が可能(SDGs12の理解と支持があれば)
農業分野でのメリット	気象条件から見た栽培可能面積はかなり拡大している(でも食糧作物との競合は増える、気象変動のリスク例えば干ばつや洪水は増加)
	比較的簡単に栽培できる
	キャッシュクロップとして、ポバティークロップの性格(途上国でルーラル・コミュニティーが発展するときの手段として綿作はキャッシュが得られる作物、なので貧乏作物とも言われる)
	気候や土壌に適合性がある。個別条件に合った栽培品種が作りやすい

表2-2　ワタ繊維の短所

短所	解説
縮む・しわになる	洗濯で収縮する（製造過程でかかっていたテンションが緩み、天然の撚りが回復すると縮む。風合いや感触は良くなる）
	しわになりやすい（非ミセル領域に入った水が水素結合を解いてズレができ、形態が変わり、しわができる。そのまま乾くと、そこで水素結合し、しわが完成）
	黄ばんでくる（黄変は紫外線、空気酸化、窒素酸化物などの影響、また漂白効果がなくなると生成りの色に戻る）
乾きが遅い	膨潤した非ミセル領域とルーメンから水分が放出されるまでの時間は長い
ケバや毛玉ができる	綿繊維が短い、古くなって弱い、撚りが甘い、柔軟剤、表面の摩擦などで発生する
発火性	可燃性がある。発火しやすい。フラッシュスプレッド現象
とくに優れている点が少ない	綿より特徴的に優れている繊維はたくさんある。種目別では他の繊維が上
生物的な耐久性	かびや虫食いが出やすい（セルロースは分解するとβグルコース、虫の食糧）
農業分野でのデメリット	綿花栽培の農薬の被害。児童労働。環境汚染。GMO企業の支配、自殺の増加
	GMO品種の将来の問題、危険性、耐性を獲得する害虫と雑草との競争
	良い綿花を作り固定客を得るのはかなりハードルが高い
工業分野でのデメリット	環境汚染、スウェットショップ。児童労働。これはどの繊維にも当てはまること

表3　繊維の公定水分率

繊維	公定水分率	繊維	公定水分率
綿	8.5	ナイロン	4.5
麻	12.0	ポリエステル	0.4
絹	12.0	アクリル	2.0
ウール	15.0	ポリウレタン	1.0
レーヨン	11.0	ポリプロピレン	0.0
キュプラ	11.0	ポリエチレン	0.0
アセテート	6.5		

図10　摩擦帯電列

マイナスになりやすい ←→ プラスになりやすい

アクリル	ポリエステル	ゴム	金・銅・鉄など	エボナイト	紙	人体	麻	綿	レーヨン	絹	ナイロン	ウール	ガラス	人毛・毛皮

の消費量を減らしながら先延ばしする工夫が必要だろう。ダメージ加工や耐久性を悪くするモノづくりは、この状況に逆行しているから消費者が買わないようにして作らせないようにしたい。SDGsの12項でいわれている「作る人の責任と使う人の責任」とは、まさにこのことを指している。

◇棉繊維の利用方法

棉はおもにリント（綿の長い繊維）を取るために栽培されるが、実はリント以外にも役に立ついろいろなものがある。ここでは、リント利用とそれ以外の利用の両方から見てみたい。

まず、リントは紡績糸と不織布、脱脂綿や化粧用コットン、

中綿、ロープや紐、紙、医療と衛生材料、内装材その他産業用資材などに使われる。衣料品としては、肌着、パジャマ、シャツ、スラックス、上着、コート、靴下、スポーツウェア、ベビー服、介護用など、家庭用繊維製品としてもタオル、マット、シーツなどがある。軍服や仕事着としてのサージやジーンズなどの実用性重視のものから、薄くて軽いファッション性重視のものまで幅広く使われる。発熱繊維を使ったアンダーウェアが人気だが、これにも綿の吸水発熱の機能が生かされている。

古くは綿火薬やセルロイド、もっと古くはタイヤ・コード、その前には帆布が重要な用途だった。これについては2章の「利用の歴史」でふれる。

綿花が収穫され、繰り綿されると、リントはベール（原綿の俵）にされて、綿花として主流の用途に向かうが、残った種子や葉ゴミ、土などにも使い道がある。もちろん綿花畑で収穫された後に残る、棉の木の幹も枝も根っこも鋤き込まれて、次の栽培の養分となる。無駄はほとんどない。

【ファズ・地毛】

繰り棉（ジン）が終わって、分離された種子は次の栽培に使う量が確保されると、工場からシード・クラッシャーと呼ばれる処理業者に引き取られる。この工場で、種子はつぶされて、種子の表面に残っているリンターが回収される。「ファズ」とか「地毛」などと呼ばれ、そのまま繊維としての用途ではなく、紙や内装材、建築資材などに使われるほか、化学繊維の中の再生繊維の原料にもなる。溶解してポリマーとして再生され、フィラメントとして作られるのがキュプラで、商標ではベンベルグが有名だが、スーツやスラックスの裏地として使われている。

【種子】

次は種子。綿繊維の重量を1とすると、種子の重量は2に当たるため、この種子を生かすのも重要だ。綿の種子は、厳しい環境下で生き延びるため、綿繊維も身に付けているが、種子には油分とタンパク質がたっぷり含まれている。

油分は種子をプレスすると綿実油として回収される。クッキングオイル、サラダ・ドレッシング、ショートニングに使われる。ショートニングは、料理用半固形油脂でパンやクッキーをサクッ、パリッとさせるのに使われ、このショートニングを常温で半固形にするための加工をされる。

プレスされ油分を取って残った実の部分と外皮はどうなるか。実の部分にはタンパク質と繊維質が豊富なので、家畜や家禽の飼料として使われる。また養殖の魚の餌や、畑の肥料としても使われている。

外皮も一緒に使われることもあるが、分離して肥料や土壌になることもある。また、ある種のコットン・シードは高タンパク濃縮物として、焼き菓子など人の食べ物にも使われている。

【ゴシポール】

ゴシポールという毒性物質のことも見ておきたい。綿実油にはほとんど残らないが、実の部分のタンパク質にテルペノイドと呼ばれるポリフェノール色素があり、これがゴシポール。本来これは棉の防衛機能的な成分で、抗菌作用や殺虫機能もあるが、特異なものとして哺乳動物のオスの精子を作る機能を妨げる効果がある。その他に心不全や腎機能への影響もあるといわれる。これだけ高栄養食品なのに棉を草食動物が食べないのは、好んで棉種子を食べると、子孫ができないために絶滅するということらしい。言い換えれば、男性が食べるだけで簡単に避妊ができるので、先進国では避妊剤、途上国では人口抑制を検討されたことがあるらしいが、これはちょっと危険だ。

もちろん、家畜の飼料としてはゴシポールを除去したものもあるし、ゴシポールを生成しない棉の種類(*glandless cotton*)もある。また、ゴシポールを含むホールシード(全粒)の飼料は家畜のオスに与えるときの日量摂取制限も設けられている。

綿花が開絮して繊維を取ると、萼片(がくへん)が残るが、これは綿殻と呼ばれて土壌に戻される以外に、きのこの菌床栽培の床の材料としても使われている。

繰り綿(ジン)の工場では、ジン工程で出た葉ゴミや土も畑に戻して、土の補充に使っている。

4種類の栽培種

・アルボレウム(*gossypium arboretum*)

アルボレウムはアジア棉の中で中心になる種で、アフリカ起源のA-ゲノムの種のherbaceumと姉妹関係にある。また、前述の通り、アメリカ大陸までいって異質四倍体のサブゲノムとなり、繊維の長さに関係している。発生(栽培)地域はマダガスカル、インド、東南アジア、中国、韓国、日本までの広大な地域で、さまざまな固定種を生み出している。日本の和綿もこの仲間で、799(延暦18)年に愛知県西尾市の天竹(てんじく)神社に崑崙人が棉の種子を持ってきた記録がある(2章「利用の歴史」を参照)。

インドでは今でも商業ベースで栽培されていて、特に太くて短い繊維の種は、布団綿や中綿に使うと、ボリュームがあって、なかなかヘタラないので利用価値がある。ただ、この需要がウレタンフォームなどの軽い合成ものに変わりつつあり、頼まれれば栽培する程度の受注生産になっている。

インドではアメリカ大陸綿(ヒルスツムやバルバデンセ)に対して、このアルボレウム種の固有の棉をデシ綿という。デシは「地元の」という意味で、実際にはいろいろなタイプがあり、ダッカ・モスリンのような、繊細な織物用に手紡ぎで作られる細い繊維もあるという。商業的にはベンゴール・デシ、シンド・

デシ、オムラなどの名称で呼ばれる。栽培品種として古くからインドでは大切にされ、交配と選択による品種改良もされていた。イギリスの植民地政策でアメリカ大陸綿と機械紡績が支配するまでは、インドの産業の柱だった。

インダス川流域モヘンジョダロの遺跡など、インダス文明(紀元前2500〜1500年頃まで)に登場する棉はアルボレウム。パキスタンのこの川の流域では、紀元前3000年頃から棉の栽培と、糸に紡がれ衣服に織られていたという。

• ヘルバケウム(*gossypium herbaceum*)

ヘルバケウムの実物を見た人は棉の業界でもあまりいないと思う。「幻のヘルバケウム」と呼ばれていて、商業ベースでの生産は少ない、A-ゲノムのもう一つの種。国際綿花諮問委員会(ICAC)の2014年の調査で、インドのアンドラ・プラディシュで1品種、カルナタカで3品種、タミルナドウで1品種、イランで5品種が報告されている。

東部地中海沿岸地方の歴史的な名称でレバント・コットン(*levant cotton*)とも呼ばれ、アフリカ、アラビア半島、エジプト、中東諸国、トルコ、ペルシャ（イラン）から中央アジアまでの発生(栽培)地域を持っていた。紀元前3世紀のマケドニア王国のアレキサンダー大王の支配地域がヘルバケウムの地域と重なり、東征のときにこの棉の種子を拡散したのではないかという意見もある。

チグリス・ユーフラテス川のメソポタミア文明(紀元前3500年前ごろから)では盛んな農業の作物の一つであっただろうし、エジプトのナイル文明も棉の栽培をして衣服を作っていたらしい。

• ヒルスツム(*gossypium hirsutum*)とバルバデンセ(*barbadense*)

100万〜200万年前にアジアからA-ゲノムが来て、地元のD-ゲノムと会って、ゲノムが合体し、二倍体とは違う、繊維の長さも含めいろいろな能力を身に付けて、異質四倍体の棉が誕生し、発生(栽培)範囲を広げていく。ヒルスツムの中心はメキシコのユカタン半島、バルバデンセの中心はペルーの太平洋岸、そしてカリブ海の島の地域で領域が重なっていた。両方の種は塩水に強く、海岸地帯でコロニーを作り、メキシコ湾岸から北米、南米へと広がる。

こうしてみるとこの2つの種の間には、今のアップランド綿と超長綿のような大きな違いはなかったのだろう。ペルーのバルバデンセの祖先に近いアスペロなどの原種は、繊維長はアップランド綿とそれほど変わらず、繊維が太いことと、キューティクルにワックスが多い、十分な日照を必要とし、開花が遅いなどの特性を持っていて、これらが違いだった。

棉の研究の歴史の中で、今のような遺伝子レベルの検証ができなかったころには、昔はペルーのバルバデンセも繊維長は長かったのが、遺伝子の劣化で短くなり、太くなったのだろうと考えられていた。ところが2000年前後に、遺伝子レベルの解析が進み、今の超長綿のバルバデンセの誕生の経緯がわかってきた。それによると、ヒルスツムとバルバデンセの縄張りの重なるところ、カリブ海の島で誕生し、ヒルスツムとバルバデンセの異種交配された個体の中に、突然変異で繊維が長くなるものが生まれ、これが超長綿の先祖となったという筋書きだ。もともとA-ゲノムとD-ゲノムの四倍体で、ヒルスツムとバルバデンセは種としてはよく似ている。これが変異して長くなったので、まったく違う種のようだが、遺伝子の構造としては、細胞質などからベースはバルバデンセに、花粉にはヒルスツムの遺伝子が入り、Aの染色体遺伝子の、ある部分に変異が起きて長くなったらしい。

この結果、カリブ海のバルバデンセは超長綿の繊維長と、ヒルスツムよりは繊維の密度が少なく、またリンターも少なく、繰り綿のしやすい(種子と繊維が分離しやすい)特徴を持つことになった。

●棉をめぐる人間の物語

◎クリストファー・コロンブスのアメリカ大陸発見

このカリブ海の島で栽培(自生に近い)される、長くて美しい繊維を発見し、ヨーロッパに持ち帰ったのが、インド発見のために、スペインから大西洋を西に向かって航海したクリストファー・コロンブスだ。

1492年10月12日(今でもコロンバス・デイとしてアメリカでは祝日)、サンタマリア号が大西洋横断の航海の最初の上陸をしたのが、ルカヨ諸島のグアナハニ(現在のウォトリング島)だった。現地人は背が高く、美男美女でほとんど裸、彼らがたくさんの綿糸の糸玉を持ってきた。コロンブスたちヨーロッパ人にとって、綿はあまり重要でなく、その日は適当に扱っていたが、翌日確かめてみると、彼らが知っているインドの綿とまったく違い、艶があって繊維が細く長い。これは貴重品で国王への献上品にすると決まった。

その後もいろいろな島で同じ経験をし、大陸に上陸してからアップランド綿も得て、帰国後、それらの綿が地中海沿岸の国々で試験栽培され、エジプトのナイル川の河口地域ではバルバデンセがエジプトの超長綿の開祖となる。

◎エジプトの棉

エジプトはA-ゲノムのヘルバケウムの領域で、バルバデンセはあまり大切にされていなかったが、1821年にフランス人のジュメル(Jumel)という人がこのバルバデンセの棉を見つけて、カイロの庭園で試験栽培し、その繊維が認められ、栽培が始まる。アメリカの南北戦争(1861~65年)のため、ヨーロッパでアメリカ綿が手に入らない時期に、エジプトの綿花生産が拡大する。1869年のスエズ運河、1970年のアスワン・ハイ・ダムの洪水の制御が寄与し、生産拡大を続ける。

このエジプト綿の細くて長く、強度がある特徴が生かされたのが、自動車のタイヤを作るときのタイヤ・コード(形状保持のための補強材)。第一次世界大戦は、軍用車両の機動性が戦火を左右することを証明し、ヨーロッパの大国がエジプト綿の取り合いを始めたほど。第二次世界大戦中に、砂漠のキツネと呼ばれるドイツ軍のロンメル将軍が、エジプトでイギリス軍のシャーマン戦車と戦ったのも、実はエジプト綿を確保するのが目的の一つだった。

◎シーアイランド・コットン

シーアイランド・コットン(Sea-island cotton)は、バルバデンセの超長綿が出現したカリブ海の島の綿花だが、この故郷の島では、品質はよいものの、さほど生産量は拡大せず、一方でヨーロッパの繊維産業は産業革命の最中で、紡績や織布の技術が進み、産地の綿作も繰り綿機(ジン、イーライ・ホイットニー)が導入され、綿花需要がひっ迫した。

1790年にウィリアム・エリオット(William Elliott)がカリブ海の島(バハマ諸島)から、超長綿の種子をアメリカに持ち込み、サウス・カロライナ州の海岸に連なる諸島群に農園を開く。当時すでにアップランド綿は、アメリカの現在のコットンベルトに展開し、黒人奴隷を使って大量生産されていた。これと自然交配するのを防ぐためと、カリブ海の潮風を考えて、諸島群で栽培したようだ。そしてこの諸島群がシーアイランドと呼ばれていたのである。2004年に、主要国首脳会議がジョージア州で開催され、当時の小泉首相が参加、これをシーアイランド・サミットと呼んでいた。

最初はサウス・カロライナ州ヒルトンヘッドで始まり、ジェームズ、エディスト、ジョン、ワドマロウなど、ジョージア州からフロリダ州までの海岸の島へと拡大する。アメリカの綿花が2つあり、片方がシーアイランド・コットンなので、もう一つをアップランド・コットンと呼ぶようになった。

シーアイランド・コットンをカリブ海の島で栽培する試みが1902年、セントビンセント、アンティグア、バルバドスなどで、ジョージア州の綿花栽培農家の指導のもとに行なわれたが、失敗してしまう。さらに害虫のピンク・ボール・ワームの被害で、1920年ごろからシーアイランド諸島のシーアイランド・コットンの生産は細り始め、一部はアップランド・コットンの生産にシフトしてしまい、1937~41年に復活の試みがあったものの、これも失敗。1949年にSea-island Cotton Companyはなくなった。

シーアイランド・コットンはヨーロッパでエジプト綿と人気を二分するラグジュアリー・コットンだったため、これを支援する組織がイギリスにはあった。イギリス政府、王室、産業が資金や技術的に支える西印度諸島海島綿協会（ＷＩＳＩＣＡ）だ。１９２０年代にアメリカの海島綿が消えていく中で、彼らが続けてきたカリブ海の島での栽培を、本格的に復活させようと、以前に失敗したセントビンセント、アンティグア、バルバドス、セントキッツ、モンセラットの島々で再度、栽培を始める。

この試みはある程度は成功するが、故郷に戻っても小規模の栽培は難しく、一方でスーピマなどの生産が増えてきて、シーアイランド・コットンのビジネスとしての継続が困難と判断され、イギリスの西印度諸島海島綿協会が終了を決めた時、日本の同興紡績や当時からシーアイランド・コットンを使っていた繊維製品会社がＷＩＳＩＣＡを日本で継続する権利をもらい、１９７９年に協同組合西印度諸島海島綿協会が設立された。今でも西印度諸島海島綿協会は東京の日本橋堀留町にあり、カリブ海の島と中央アメリカのベリーズ国で栽培を続け、最高級のコットンとして大事に継続され、ほぼ全量が日本で使われている。現在の超長綿バルバデンセ、ＥＬＳ（Extra-long Staple Cotton、超長綿）コットンの本家の品種として続くことを望みたい。

◎スーピマ

ピマ・コットン（Pima cotton）の開発の歴史は、アメリカ政府のAmerican Egyptian cotton projectとして、エジプト綿に代わり、シーアイランド・コットンにも代わる超長綿の開発を意図して始められた。アメリカ南西部のいくつかの州で、すでに１９００年代初めにはＥＬＳコットン（超長綿）は栽培されていた。それはシーアイランド・コットンなどであったが、そのころはあまり注目されず、アップランド・コットンがおもに栽培されていた。アメリカ政府がＥＬＳコットンを作るプロジェクトを始動したのは、自動車のタイヤ・コードと落下傘の綿の確保にあり、原料のエジプト綿が輸入できなくなる可能性とシーアイランド・コットンが消滅する可能性を考えたからだった。１９１１年、アリゾナ州Sacatonにアメリカ農務省（ＵＳＤＡ）の実験農場を作った。

このプロジェクトのベースにあるＥＬＳコットンの開発は、もっと古く、１８２５年にシーアイランド・コットンがエジプトに持ち込まれ、カイロの庭園にある樹綿「ジュメル」と交配されるところから始まる。１８６０年に*Ashmouni*（アシュモウニ、エジプト語）という交配種が誕生し、これとシーアイランド・コットンの交配と選択が続き、１９０８年にアメリカ農務省は、新品種ユマ（*Yuma*）を発表、これがアメリカ南西部のいくつかの州で栽培された。１９４９年までにPimaの名前のいくつかの品種が開発された。Pimaの名前は、開発を手伝ったピマ・インディアンにちなんだものという。

このころのピマのどれかがペルーに持ち込まれ、ペルーでもその名で栽培されている。このためピマ・コットンが2つあるので注意が必要だ。

1916年にはタイヤ・メーカーのグッドイヤーが1万6000エーカーの土地をアリゾナ州で購入してピマ・コットンを栽培し、自動車、自転車、飛行機のタイヤ・コードの原料に使った。

今ではELSコットンとして、カリフォルニア州サンホーキン・バレー(San Joaquín Valley)を中心に栽培され、最大10万tの生産量がある。繊維長も長いけれど、太くて丈夫、でも柔らかく艶があるのでELSの中でも用途が広い。

地球規模での利用の歴史を表4で概観しておきたい。

古代人たちは野生種の綿から綿繊維を取って、手で綿繰りをして、手紡ぎで糸にし、それを合わせて紐やロープを作り、結んで網も作るし、弓の弦にもするし、毛皮を繋げて身に付けたり、狩りに使い、小屋を作り、衣食住に使っていただろうと想像できる。やがて糸を経糸と緯糸にして布を織ることも、棒を使って編むことも発明したのであろう。またそのままで寝床にも枕にもしたはずである。やがて野生種の繊維の採取から、近くで収穫するために栽培も始め、よい種子を選んで播種したり、交換したりして、育種もしたろうと思われる。

このような営みは、今でも私たちの中にあって、身近に感じられることでもある。手紡ぎや手編みはほんの数時間教えるだ

表4　地球レベルでの棉利用の歴史

年代	場所	内容	棉の種類
少なくとも紀元前5000年	メキシコのティワカン渓谷の洞窟	コットンボールのかけらと服の切れ端が見つかった	ヒルスツム。コットンは今のものと似ているという
紀元前3000年前	パキスタンのインダス川流域モヘンジョダロの遺跡	栽培の痕跡(木綿の切れ端と紡錘車)が見つかっている。コットンは栽培され、糸に紡がれ衣服に織られていたようだ	アルボレウム
紀元前2600年ぐらい	ペルーのカラル遺跡	綿の繊維と棉の種が見つかった	バルバデンセ
紀元前2600年ぐらい	エジプトのナイル川流域	原住民はコットンの衣服を作って着ていたという	ヘルバケウム
紀元前327年	インド	アレキサンダー大王の東方遠征に従軍した提督の日記に「インドには羊毛の如き実をならせる樹木が有る」と記される。インドから綿織物、種子を持ち帰える	アルボレウムかヘルバケウム
紀元前292年	インド	ギリシャ人のメガステネスは、『インド誌』に「インドには羊毛が生える木がある」と記す	
1～2世紀	ヨーロッパのイタリア・スペイン	アラビア商人によってイタリア・スペインに綿、綿織物、衣服がもたらされた	
799年	インド、日本	日本にインド系の崑崙人が木綿の種子を持ち込んだ。これは2章に詳しい	種はアルボレウム
9世紀	北西アフリカ、スペイン	スペインに北西アフリカのムーア人が綿栽培法をもたらす	
10世紀	中国、日本	棉の種子が中国から日本へ伝来する	アルボレウム
14世紀	中国(元朝)、日本	元朝に送られた日本の使者が朝鮮から棉の種子を持ち帰る	アルボレウム
15世紀	カリブ海諸島、アメリカ大陸　スペイン	クリストファー・コロンブスがカリブ海諸島とアメリカから棉の種子を持ち込み、地中海沿岸に広がる	バルバデンセとヒルスツム
16世紀	スペイン、メキシコ	スペイン人が到着したとき、メキシコの原住民は棉を栽培し綿織物の衣服を着ていた	ヒルスツム

けで誰でもできる。綿花栽培も誰でもできるものである。

ではいつ頃どこで始まったか。遺跡の調査で見てみたい。とはいえ、残っている遺跡と遺物がいつごろのものかというだけのことで、実はそのずっと前から連綿と続いていたのだろうという想像がつく。また、私たちのこと、つまり人類もどこから人類なのか、これは難しい。綿は５００万年以上の昔からあったといわれている。アフリカの原人や猿人で７００万年前の遺跡が発見されたというから、彼らが綿花を何かに使っていたかもしれない。生分解性の高い綿繊維が古代遺跡によく残っていたものだと思いながら、ここではわかっている範囲の事柄を表にまとめておく。

●現在の綿花生産（主要生産国と10万t以下の国々の事情）

ここからは、現代の綿花生産の話に移ろう。大雑把な言い方で「世界の綿花生産はおよそ80か国で、３３００万haの畑に1億人の人が、年間２５００万tのリントを生産」しているといわれる。

この２５００万tの綿花の97％はヒルスツム（アップランド）で、バルバデンセは3％、超長綿と呼べるのはその3分の1ぐらいだと思う。

表5は主要な綿花生産国のリスト。主要綿産国は、インド、中国、アメリカ、パキスタン、ブラジル、オーストラリア、トルコ、ウズベキスタンの8か国でほぼ9割方のシェアとなる。残りの13％、重量にして３５０万tが70か国で栽培されている。そのうち27か国の２０１４年のデータを図11に示す。

主要国のリストに入るのは年間30万tからとなる。それ以下

表5　主要な綿花生産国リスト　（単位:百万t／2019年1月15日更新）

綿花年度／生産国名	2010/11	2011/12	2012/13	2013/14	2014/15	2015/16	2016/17	2017/18
インド	5.9	6.3	6.2	6.7	6.4	5.6	5.9	6.3
中国	6.6	7.4	7.6	7.1	6.5	4.8	5.0	6.0
アメリカ	3.9	3.4	3.8	2.8	3.6	2.8	3.7	4.6
ブラジル	2.0	1.9	1.3	1.7	1.6	1.3	1.5	2.0
パキスタン	1.9	2.3	2.0	2.1	2.3	1.5	1.7	1.8
オーストラリア	0.9	1.2	1.0	0.9	0.5	0.6	0.9	1.0
トルコ	0.5	0.7	0.6	0.5	0.7	0.6	0.7	0.9
ウズベキスタン	0.9	0.9	1.0	0.9	0.8	0.8	0.8	0.8
トルクメニスタン	0.4	0.3	0.4	0.3	0.3	0.3	0.3	0.3
マリ	0.2	0.2	0.2	0.2	0.2	0.2	0.3	0.3
ブルキナファソ	0.1	0.2	0.3	0.3	0.3	0.2	0.3	0.3
メキシコ			0.2	0.2	0.3	0.2	0.2	0.3
ギリシア	0.2	0.3	0.3	0.3	0.3	0.2	0.2	0.3
アルゼンチン	0.3	0.2	0.2	0.3	0.2			
その他の国々	1.8	2.3	2.2	2.1	2.1	1.7	1.8	1.9
フランス領アフリカ	0.5	0.6	0.9	0.9	1.0	0.9	1.0	1.1
EU27カ国	0.3	0.3	0.3	0.3	0.4	0.3	0.3	0.3
世界	25.6	27.7	27.0	26.2	25.9	20.9	23.2	26.9

注:綿花年度とは毎年8月1日から翌年7月31日までのことで、2011/12の表記は2011年8月1日～2012年7月31日の期間を示す。
出典:USDA（Cotton Incorporated MonthlyEconomicLetter「WorldCottonProduction」Jan.2019より）

はその他の国々にくくられるが、合計すると190万tぐらいある。その中のほとんどの国は、アフリカ、中東、南米の途上国で、今後の成長が見込まれるが、スペインとイスラエルがそれなりの量を生産しているのがわかる。スペインは6万haに5万t、イスラエルは6000haに1万tとなっている。

詳細は調べきれなかったが、スペインやイスラエルは当然、綿花輸入か製品輸入国であり、自国での綿花栽培は価格的に合わないはず。栽培する人と、それを高い価格で買って製品化する産業があるようだ。

文化や伝統、アートや工芸の世界での綿花栽培と綿花消費がうまくかみ合って、消費者の理解のもとに地産地消が維持できれば、スペインやイスラエルのような状況が日本でも可能かもしれない。

図11　主要綿産国以外の国の棉生産量（単位：千t）

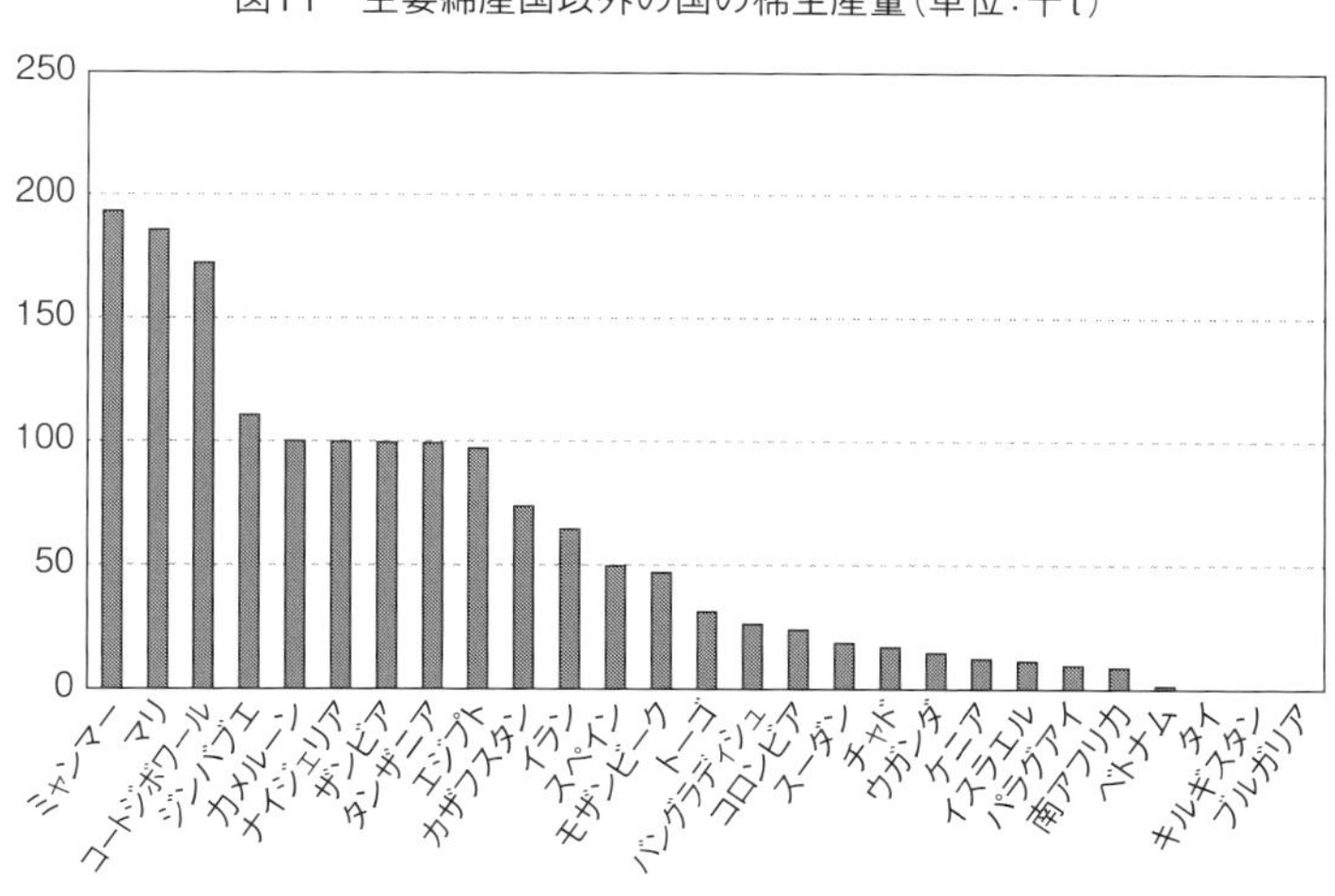

◇綿花生産の現状と課題

綿花生産はこの50年で、栽培面積はそれほど増えず、生産量はほぼ3倍に増えた。品種改良と栽培方法の向上、農薬と化学肥料の改善、GMO（遺伝子組み換え）種子の導入などが寄与している。

一方で生産の中心は途上国へと移りつつある。アメリカ、中国、オーストラリア、メキシコなどの主要国はすでに成長の余地はない。テクノロジーによるイールド（単位面積当たりの収量）も限界。そうなると途上国での生産を増やすことになるが、合成肥料の過剰施肥や農薬の使い方、使用時の防御不備、児童労働や移民の過酷な労働、さらにはGMOコットンの種子会社の支配と自家採種の禁止など、さまざまな問題が出てくる。

とくにGMOコットンでは、除草剤に耐性のある雑草と、BTコットンの毒性タンパクに耐性のある害虫が増え、予定の収量が得られないことや、農薬の追加購入などで借金が増え、自殺に追い込まれるケースがインドでは増えている。

綿花の世界価格も低いままに推移していて、効率の悪い途上国の採算では収益が出ないケースも多いようだ。価格の低迷には、先進綿産国の農業補助金が原因ともいわれている。

これに対して、フェアトレードの取引改善や、サステイナブル・コットン・イニシアチブのいくつかの取り組みなどで、農業指導や農村コミュニティーの生活改善、オーガニック・コットンでのプレミアム購入などが進められている。

●棉の育種事業

◇品種改良事業の現状

棉の種子の開発事業は、近年の遺伝子組み換えテクノロジーの導入で、様変わりしてきた。昔の育種事業は、綿花栽培地域の比較的限られたエリアで、生育条件に合った栽培品種の開発をする、地味で目立たない事業で、歴史があるが小規模な事業者が多かった。ところがGMOが絡んでからは小規模事業者の世界ではなくなり、バイオ・テクノロジーの会社とタイアップした大手の事業者が支配する世界に変わったのである。

育種事業会社の品種改良のやり方は、こうだ。特定の地域の気象条件、例えば気温や雨量、日照、生育期間などに合っていて、栽培しやすく、繊維の品質もよく、たくさん収穫できて、病虫害に強く、しかも干ばつに耐えられるなどの条件を満たす品種を作るため、あらかじめ計画して、いろいろな品種を交配し採種して、翌年には試験栽培をしながらよい組み合わせを見つけ、さらに同じ品種で優秀な個体を選択して、絞り込むという具合に作業がすすむ。

例えば、繊維は長いけれど収量の少ない品種と、繊維は短いけれど収量の多い品種とを交配して採種し、翌年栽培したら、繊維が短くて収量も少ない品種になっていたとなれば、これは失敗。目論見通り、繊維が長くて収量も多い品種が得られれば、成功という具合だ。この初代雑種をF_1と呼ぶ。F_1は両方の親のよい所が出やすいが、それを自家受粉させ、F_2を栽培すると、だいたいは先祖返りしてもとの2つの品種になってしまう。

千に一つか万に一つ、両方のよい所が組み合わされ、F_2でも先祖返りしない安定した個体が得られると、新品種として登録し、さらに実験栽培をして、市場にリリースされる。もちろんいろいろなニーズがあるから、オールマイティーな品種を作るのではなく、さまざまな性格の品種をラインアップとして揃えるのがベースの仕事となる。また、安定した品種が開発できたとしても、だいたい7年か8年で遺伝子レベルでのバラつきが出始めて、そろそろ交代ということになる。

◇品種育成と遺伝子組み換え

遺伝子組み換えはこの品種開発にどう絡むのだろうか。それを説明しておこう。

同じ種の交配で得られる変化は、めしべの持つ染色体の遺伝子と、交配するおしべの花粉の持つ染色体の遺伝子が合体して二倍体(異質倍数体は四倍体)になり、それが次の世代で減数分裂するときに対立遺伝子(アレルという。両方の染色体の相同の位置にあり、同じ機能を発現する遺伝子)のどちらが選ばれるかの違いになるが、まったく異質な生物の遺伝子を組み込んで特殊な機能を発現させようというのが遺伝子組み換えの技術である。

繊維を長くしたい、きれいな白にしたい、艶が欲しい、病虫害に耐性、干ばつに耐えられる、このような特性はゴシピウムのさまざまな種に備わっているもので、交配の組み合わせで組み込むことができる。なにも遺伝子のＤＮＡの鎖を切ったり貼ったりする必要はない。ところが、まったく異質な生物の特殊な機能の遺伝子ＤＮＡを入れようとすると、棉のＤＮＡを切って、そこに組み込むしかない。

今、実用化されているＧＭＯの特殊な機能としては、２つある。一つは、BTコットン(btと表記)の毒性タンパクを作る機能。これは土壌細菌のバチルス・チューリンゲンシス(Bacillus thuringiensis)の遺伝子ＤＮＡ、たぶんA、T、C、Gの塩基対で数千個を組み込むものである。もう一つは、植物の成長にかかわる酵素を阻害する特定の除草剤に耐性のある酵素を作る機能。この遺伝子ＤＮＡもたぶん数千個。こちらはHerbicide toleranceの頭文字でHTコットンと呼ぶ。

BTコットンとHTコットンをSeed Breederが新しく改良した品種に、オプションとして組み込むのが、バイオ・テクノロジーの会社で、その種子がＧＭＯコットンということだ。だから、ＧＭＯが付いてない種子もあるし、btとHTを重ねたスタックド(stacked)もある。最近はこのタイプが多い。

例えばアメリカのカリフォルニア州のピマで多く栽培されているPHY 805 RFは、ファイトジェン・コットンシードの８０５品種に除草剤耐性のRoundup ready Flexを付けたもので、PHY 802はＧＭＯを付けていないもの。

同じ地域でアケイラ種のPHY 764 WRFはstackedで、ファイトジェン・コットンシードの764に、ダウアグロサイエンスのWide Strikeのbtの遺伝子とRoundup ready Flexを重ねたものである。

DP 1646 B2XFも、デルタ&パインランドのアップランド・タイプ1646に、モンサントのBollgard（bt)と3種類の除草剤耐性のXtended Flexを重ねたものなどである。品種の後のアルファベットと数字はＧＭＯの内容を説明している。

◇ＧＭＯの問題点と現状

雑草も害虫もすぐにＧＭＯの耐性を獲得したものが出てくるので、イタチごっこになっている。ちょうど私たちが抗生物質に耐性のある細菌と戦っているのと同じだ。つまりはＧＭＯコットンもオールマイティーではなかったということで、ＧＭＯコットンのシェアが減り始めた。２０１２年あたりが80％で最高、16年には60％ぐらいまで減っている(図12)。トルコのよう

図12　世界のＧＭＯコットン生産量

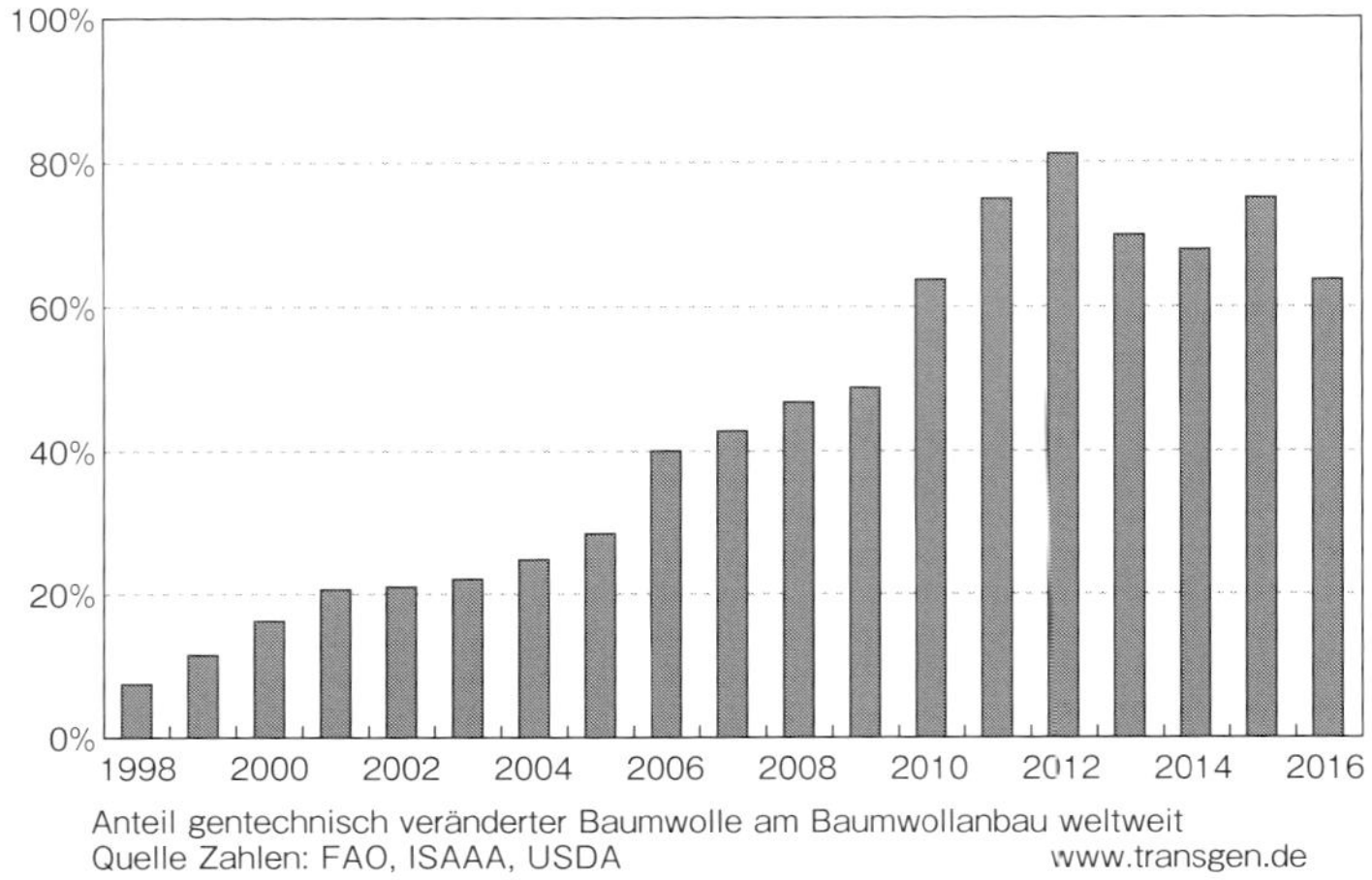
100%
80%
60%
40%
20%
0%
1998
2000
2002
2004
2006
2008
2010
2012
2014
2016
Anteil gentechnisch veränderter Baumwolle am Baumwollanbau weltweit
Quelle Zahlen: FAO, ISAAA, USDA
www.transgen.de

にＧＭＯコットンを禁止した国もある。ＧＭＯコットンのＤＮＡによる、Ｎｏｎ-ＧＭＯコットンのコンタミネーションも大きな問題になっている。

◇**カラード・コットン（茶綿）**

カラード・コットンも近年普及している。アルボレウムの和棉からアップランド・タイプまで、茶綿はかなり広がっている。緑綿は今のところアップランド・タイプだけのようだ。もともと棉の繊維は真っ白ではなく、いくらか色があったのだろう。茶色はカテコール・タンニンの色、緑は葉緑素の色で、光による退色が大きい。

カラード・コットンの生みの親がアメリカ、カリフォルニア州の昆虫学者サリー・フォックス女史。白く、白くと改良を重ねてきた今の棉に対して、色のある品種を交配し選択することを繰り返し、色を復活させたのである。染色したものでない棉本来の色なので、環境にもよく、優しい色をしている。

●綿花栽培のいろいろ

綿花栽培に使われているケミカルには、土壌には消毒剤と化学肥料があり、種子にも消毒剤、雑草には除草剤、害虫には殺虫剤、病気やカビに防カビ剤、成長をコントロールするホルモン剤、機械収穫の場合はその前に葉を落とす落葉剤などがある。このケミカルの使用により、環境の問題、農家の健康問題がクローズアップされ、環境にやさしい綿花栽培が求められる中で、オーガニック・コットンが生まれた。

オーガニック・コットンは、綿産国の国で決められている有機農業の基準に従って栽培され収穫され、認証を受けた綿花である。有機栽培綿花といえばわかりやすいかもしれない。

このオーガニック・コットンを頂点にして、さまざまなサステイナブル・コットン・イニシアチブが生まれている。世界を見渡すと、Better Cotton Initiative、Cleaner Cotton、Cotton made in Africa、E3、FAIRTRADE、Cotton Connect Reel Cottonなどがある。合計生産量は２２０万ｔぐらい。綿花の全生産量の９％ぐらいである。

オーガニック・コットンの生産量は表６の通り。２０１６／

表6　世界のオーガニック・コットン生産量

	04/05	05/06	06/07	07/08	08/09	09/10	10/11	11/12	12/13	13/14	14/15	15/16	16/17
インド	6,320	12,483	18,790	73,702	142,347	195,412	102,452	103,003	80,794	86,853	75,251	60,184	59,470
シリア			2,500	28,000	22,000	20,000	16,000						
中国	1,870	2,532	4,079	7,354	3,849	4,300	12,385	8,106	10,269	12,232	13,145	14,817	22,521
キルギスタン	65	60	150	194	428	83	836	156	260	275	5,543	7,981	8,019
トルコ	10,460	14,360	23,152	24,440	27,324	11,599	9,613	15,802	7,105	7,958	7,304	7,577	7,741
タジキスタン						55	125	16	50	179	1,000	6,620	6,405
アメリカ	1,968	2,512	1,918	2,716	2,729	2,809	2,893	1,580	1,930	2,415	2,432	4,524	4,529
タンザニア	1,213	649	1,662	2,852	4,181	2,635	2,723	6,891	6,504	3,752	2,146	3,229	3,773
エジプト	240	240	250	761	936	666	907	420	563	459	2,150	1,023	1,742
ギリシャ			59	72	85	100							850
ウガンダ	900	1,000	1,798	2,545	2,415	1,550	336	456	456	700	795	300	765
ベニン	67	67	207	223	144	150	229	328	228	424	377	407	699
ブルキナファソ	45	200	143	436	904	298	252	370	565	864	1,067	469	491
ペルー	813	1,603	2,017	1,339	1,376	831	618	478	368	575	553	312	338
マリ	296	153	258	335	532	541	846	860	531	132	526	136	130
ブラジル		17	20	82	61	5	91	38	10	16	22	17	43
タイランド												3	4
セネガル	27	33	32	75	33	27	14	17	21	21	13	1	4
アルゼンチン					48								0
パキスタン	600	1,000	271	206	290	345	438					366	0
イスラエル	436	600	370	313	125	150	130	70	30	30	14	14	0
エチオピア											145		
マダガスカル										5	5		
コロンビア											1		
パラグアイ	70	184	238	105	122	109	150	100	75	20			
ニカラグア				65	7	17	42	122	68	64			
南アフリカ					14	15							
ザンビア	2	23	6	50		2							
ジンバブエ													
オーストラリア			4										
ケニヤ	2	6	3	3									
マラウィ		4											
モザンビーク													
スペイン			4										
トーゴ		2	1										
合計トン	25,394	37,726	57,931	145,868	209,950	241,699	151,080	138,813	109,827	116,974	112,489	107,980	117,524
合計ベール	116,381	172,898	265,498	668,513	962,201	1,107,707	692,400	636,180	503,337	536,092	515,537	494,872	538,614
生産国数	18	20	23	22	22	23	20	18	18	19	19	18	20

17綿花年度の11万7524tは全綿花生産2320万tの0・5%ぐらいに相当する。

（森　和彦）

綿へのかかわりから生まれた「手づくり絵本」

福島県いわき市のいわき駅から車で15分。8世帯に20人が暮らす中、60歳以上が17人という超「限界集落」が私の暮らす「柳生地域」だ。限界集落という言葉が嫌いで、私たちは「超閑静な農地付き高級住宅地」と称している。家の西側には畑や果樹園など約6000坪、北側の川沿いには水田1000坪の維持管理をしている。でも、自分の土地は1／3だけ、あとの2／3は人から預かっている耕地である。「農環境を守りたい」の一念から始めた、いわば「再開拓農業」である。

2014年から、吉田恵美子さんの呼び掛けている「ふくしまオーガニックコットンプロジェクト」に参加、オーガニックコットン栽培を始めた。2016年には、市の内外から来る人たちが「畑の会」というものをつくった。メンバーは自由にこの農場を訪ねて、野良仕事や自然とのふれあいを楽しんだり、有機栽培を実習したりしている。この畑の会の活動から2017年1月には「織姫の会」が発足した。足元の畑で衣類素材の綿を栽培しているのだから、これを使って手仕事で綿布作りをやってみようということになったのだ。

ワタの栽培から綿繰り、糸つむぎなど会の活動は、会員のひとり名木聡子さんによって、『わたから糸へ　天空の里山オーガニックコットンの糸つむぎ』というタイトルのB5判変形・本文28ページの手づくり絵本になった。織姫の会や畑の会の新しい会員の教材にも使いたいと考えている。名木さんの絵のやさしさや温かさを伝えることができればうれしい。

（柳生菜園主宰・福島裕）

表紙

綿繰りのページ

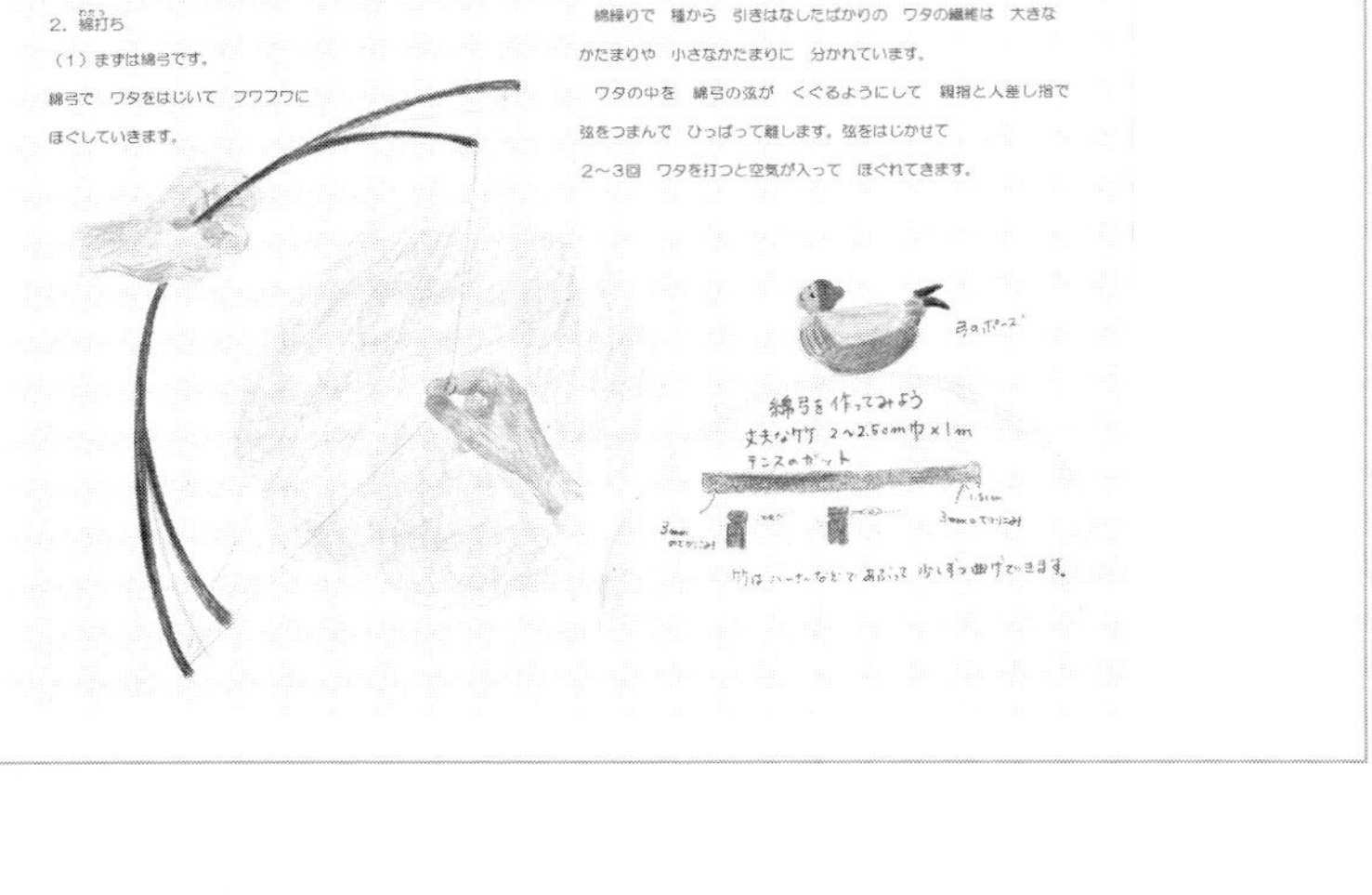

2章

利用の歴史

ワタ利用の歴史

●日本列島で使われてきた衣料用繊維

「衣食住」の衣。日本列島の各地に暮らしてきた人々は、衣料を確保するために、どのような素材を利用してきたのだろうか。日本列島という地域で、衣料用素材として繊維を利用してきた植物には、苧麻（ちょま）、木綿のほか、楮（こうぞ）、穀（かじ）、藤、葛、柠（たく）、科（しな）（または枝（まき）、榀（こまい）、シナノキ）、オヒョウ、バショウなどがある。靭皮繊維を利用する藤や葛、楮、穀、シナノキ、オヒョウニレ、ハルニレ、オオボダイジュ、バショウからは、藤布、葛布、太布、科布、厚司（アットゥシ、アイヌの布）、芭蕉布などがつくられてきた。楮は和紙原料でもある。

このように衣料用の素材として、さまざまな植物が利用されてきたが、一般的に三大衣料原料と呼ばれているのは、苧麻・生糸・木綿である。

●ワタの伝来

ワタは、紀元前3000年ごろ、現在のパキスタンのインダス河流域で盛んに栽培されていた。以来、3800年を経た799（延暦18）年、平安京に都を移して5年がたったころだが、この年7月に、三河国幡豆（はず）郡（現在の愛知県西尾市天竹町）に漂着した崑崙（こんろん）人（崑崙は、東南アジアの旧名。インド人か）の一青年によって、綿の種子がわが国に到来したことはよく知られている。同市内の天竹（てんじく）神社由来にもくわしいところである。

菅原道真が編纂した『類聚国史』（892年）をもとに、徳川光圀がまとめた『大日本史』には次のように記述されているという。

桓武帝の延暦十八年、一人の小船に乗りて漂ひ参河（三河）に至るあり。布を以て背を覆ひ、犢鼻（とくび）（ふんどしのこと）を著（つ）く。袴なく、左肩に紺布を著け、形袈裟に似たり。年二十なるべし。身長五尺五分、耳長く三寸余。言語通ぜず、唐人これを見て曰く、これ崑崙人なりと。その人、後に中国語を習いて、自ら天竺人と謂ふ。常に一弦の琴を弾じ、許しを得て所持の貨物を売り、屋を西郊の外に作るに、路傍の行人みな停りて息を止む。その人始めて棉種を持ち来たりて、試みに紀伊、淡路、丹波、讃岐、伊予、土佐の国及び大宰府にこれを植えしむ」（原漢文）

崑崙人の渡来した翌年、朝廷は、瀬戸内海の沿岸地域や土佐・大宰府などの暖地にその種子を配布させて栽培してみたが、この綿の種子がインド綿であったためか、日本の気候・風土に適せず消滅したといわれる。

●戦国武将と綿需要——兵衣の確保

応仁（1467〜69年）から戦国期にかけての時期、木綿が日本に本格的に伝わると各地への伝播は驚くほどの速さであった。しかも木綿の受容・伝播・奨励に中央や地方の国家権力や支配層が特別にかかわり、推進した様子はまったくうかがわれないという。

この戦国時代に急速に木綿生産が発展するその背景には、木綿がそれまでの苧麻や絹に比べて、繊維としての扱いやすさや保温性に優れていることもあったが、何よりも諸国の戦国大名による軍需＝兵衣としての需要の拡大があったといえる。

◎自前の兵衣調達から一括調達へ

戦国時代の初めと比べて、豊臣秀吉の時代の大名たちの場合は、あきらかに大名として傘下の軍団兵士の用に充てるため、一括して調達しようとしていることで、この点は注目すべきことである。戦国時代に至るまで武器・兵糧・兵衣などの調達は、大名傘下の各部将がそれぞれ率いる自分の軍勢の分を自分で調達して参陣していた。知行を受けた侍たちは、部下の持つ武器・兵糧・兵衣なども自分の責任で用意し、農民を徴発して人夫として輸送にあたらせていた。

ところが、合戦の規模が大きくなり、軍団の行動範囲が広く、しかも陣を構える期間が長くなる傾向が進んだ。こうなると、自前調達は兵糧・兵衣の面では崩れざるを得なくなる。勝ち抜くには、必要となる大量の兵糧調達が必須条件となった。この兵站を担ったのが御用商人で、支城やその他の要地などに集積した兵糧を戦場に廻送したり、現地で買い付けたりして、緊急の需要に応じる役割を担うことになった。

天下統一を成し遂げた秀吉は、全国各地に自分の蔵入地（くらいりち）を設定し、そこから随時各所に兵糧や軍需物資を輸送したり、換金したりする態勢を整えていたという。これが豊臣軍の強さの秘密だったといえるようだ。

●船の綿帆と帆走——船の大形化と船輸送の変化

木綿の用途でもう一つ見逃せないのは帆布（はんぷ）であった。帆に木綿が使われる以前には、ワラ帆・蓆帆（むしろぼ）が通常であった。ワラで編んだものや莚を使った帆に比べて、木綿帆は、風が抜けず、よく風をはらんだから、船の速度を上げるのに適していた。そのうえ雨や海水によって濡れた場合にも、木綿のほうがおそらくワラより乾きやすかったものと思われる。そのほかにも操作しやすいなど、いくつかの利点があったようだ。

いずれにしても、木綿帆の登場の意味は大きい。戦乱の時代には大量・迅速な輸送が軍事上とくに強く要求されるからである。

◎船の大型化と帆走

木綿帆が重要な意味をもってくるのは、船の大型化という事情もある。日本の船の歴史では、室町時代初めのころまでは、小型船がほとんどだった。小型船は、船体は樟(くす)の大木を刳(く)って造られ、これに波除け板をつけるのが基本だった。船体も一材でなく、船首・船尾部分を別材とし、三つの材を接着して大きくしようとしたが、限度があった。

大型船の建造は、刳船とは違って、多くの板材や柱材を必要とし、強度と防水のための特殊な技術も必要だった。そのため、「大鋸挽(おがびき)」と呼ぶ、たて割材の板・柱を造る専門職人や、それを使って準構造船を造り上げる専門の「船番匠」が必要だった。大鋸が文献史料に現われるのは室町中期であるから、これと船の大型化とはほぼ平行的に進行したわけである。

こうして船の大型化が進むと、人力による櫓走中心から、帆(はん)走(そう)が主力で櫓走は補助となった。櫓を漕ぐ人員の分も荷を積むことができる。帆走は夜間もできたし、長距離航海も可能となった。しかも蓆や草から木綿の帆に代わって、大いにスピードもアップした。室町・戦国期は商品流通が盛んになり、地方から都へというこれまでの物流だけでなく、地方相互間の物資移動も活発になる。各地の戦国大名は、戦略物資の確保のために、御用商人を使って大量輸送に力を入れたから、大型船の普及は急速に進んだ。

こうした輸送手段の変化にとって木綿帆は欠かせないものであったのである。それは木綿の需要のなかでも無視できない比重を占めた。

このほかにも、漁網や船の「とも綱」、また城郭づくりなどに欠かせない綱なども木綿の使い道として重要だが、これらは大麻を原材料とするのが普通だった。

●木綿栽培の広がり

史料的には、日本の木綿作と綿業は、15世紀末～16世紀初頭の越後・三河などの例を時代的上限として、ほぼ1世紀の間に東北地方などを除いてほとんど全国的といってよい広がりをみせるという。続く17世紀の江戸前期は、急激に変わり、東海、関東の綿作は、三河、尾張・伊勢を除いては目立った展開がみられないまま、九州でもその存在はむしろ影を薄くしていく。そして逆に、綿作・綿織の主産地は畿内とその周辺地域に集中していく。ところが、この畿内綿業も、18世紀に入ると山陰・瀬戸内沿岸や東海・関東などに、しだいに圧倒されて頭打ちになる。これがおおまかなところでみた、木綿作と綿業が拡がり普及していく、近代以前の日本列島の姿である。

一般庶民の間に木綿が広がったのはいつごろだろうか。徳川幕府が江戸初期の1628(寛永5)年に定めた「土民衣服定(どみんいふくのさだめ)」がある。そこには「百姓の衣服類を布・木綿に限る」とされたことが挙げられる。これでいう布とは苧麻布のことであり、ワタ利用の衣料である木綿が庶民の衣服として位置づけられていることになる。この幕府による布令は、木綿が日常の衣料として広がっていたことを示しているといえる。また、その後の1643(寛永20)年に布告される田方勝手作の禁＝田方木綿作の禁止も、その背景に木綿作の大きな拡大ブームがあり、水田作が脅かされ年貢米収入の減少をおそれた措置ともいえる。

●江戸時代の栽培利用の拡大

ワタ栽培の技術を見る一つの視点として、品種の選択がある。17世紀末から18世紀にかけて、元禄段階の綿の品種数を『農業全書』によってみると7種である。ところが、19世紀前半の天保年間に刊行された大蔵永常の『綿圃要務』では、7種のほかに23種を指摘している。さらに岡光夫によれば、畿内の地方文書にあたってみると21種ほどあり、少なくとも当時は50種を超える品種が存在していることがわかるという。それらの品種は表1の通りである。

綿全図　大蔵永常「綿圃要務」(1833年)より

全盛期となる17世紀の畿内農家では、肥培管理技術も先行していた。干鰯・油糟のような購入肥料の供給も堺・尼崎・大坂など主要港に向けて産地から集中的に送られてきた。畿内では中世後期以後、野菜や油、酢や素麺、麹などの農産物・農産加工品の生産販売も行なわれて貨幣浸透は進み、金肥購入にも抵抗がなかったという。

木綿は当初畠作であったが、摂津、河内、和泉などでは本田に植えることも多かった。その際にも水田を高畝にして木綿を

表1　棉の品種と品種数

「農業全書」(元禄期)	「綿圃要務」(天保期)	地方文書(天保期前後)
白花かぐら	「農業全書」の7種	八百、青木、大てまる、田辺土佐、朝鮮、虫知らず
黄花かぐら	八寸黄花、八貫、備中ころり、おごろ、長九郎	三宅百貫、清七、三宅赤、阪上、浅右衛門
紅葉わた	和泉わた、河内ぼたん、ささわた、早わせ	絹棉(21種)
大こくび(赤わた)	赤木、今七兵衛、大わた、権九郎、いのこ	辻黒、八寸、白花、赤綿穂、多田綿、はめ
ちんこ(煙草綿)	てっぽう、小わた、黄花、ささふう、さるの耳(23種)、赤わた、青わた(白柳わた)、阿波、土佐わた	早生転、小朝鮮
のら(赤わた)		
麻わた(山城)		

植え、畝間にイネを植える「半田（はんだ）（掻揚田（かきあげた））」という方式が広く畿内では行なわれたという。木綿栽培には、品種の選択、干鰯のような金肥の大量投入、十分な灌水が必要であることが知られるようになって、経費もかかるが儲けられるという認識も広まった。

●明治前期に国内綿作を消滅させたもの

明治政府は、開港後の経済・政治情勢のなかで、産業近代化を進めるために、当時の政府の国家的スローガンでいえば「輸出振興」の一方で「輸入防遏（ぼうあつ）」（「防遏」は侵入拡大を防ぎ止める意）という両面から戦略を立て推進しなければならなかった。そのなかで綿業は、その中核的戦略産業として位置付けられていた。こうして外国綿糸・綿布の「輸入防遏」のためには、綿業の近代化が喫緊の国家の課題だとされた。

この課題に取り組み始めた当初、明治政府は、国内綿を原料に産業革命をいち早く達成したイギリスに学ぼうと、イギリス製の綿糸紡績機械と工場生産方式を日本に導入することを計画した。この時導入されたのが、いわゆる「２０００錘紡績機」だった。これを10基買い入れ、堺・愛知・広島などの、江戸時代から続く綿業中心地に官営工場を建てて配置したのである。

ところが、国内木綿の繊維は短いため、イギリス直輸入の機械には適合しなかった。官営工場は成果を挙げないままに、民間に払い下げられることになってしまう。

ときあたかも１８８１（明治14）年以来続いていた緊縮財政の「松方デフレ」による不況が終わりを告げ、86年には「企業勃興期」に入った。これより先の82年には、渋沢栄一の主唱で大阪に近代的設備を備えた大阪紡績会社（現・東洋紡）が設立されていたが、86〜91年にかけて、三重紡績、天満紡績、鐘淵紡績、倉敷紡績、摂津紡績、尼崎紡績など20に及ぶ紡績会社が相次いで設立された。政府からの払い下げを受けた綿業近代化の担い手たる資本家たちは、一転してインド・中国の輸入綿を原料とし、国内木綿を切り捨てる方針を採択した。それからほぼ10年にわたって、国内綿作農民と綿業資本家たちの熾烈な戦いが繰り広げられ、折しも開設された帝国議会は、その論議の舞台となった。しかし、96年に至って、議会は綿花輸入関税の撤廃を決議し、綿作農民は完敗してしまう。

これを転機に、日本国内の木綿作は、数年ならずして消滅する。それまで畿内、濃尾をはじめ、開花期には田畠を見渡す限り真白に埋め尽くした木綿は、完全にその姿を消し去らなければならなかったのである。

（編集部・森　和彦監修）

●明治以降のワタはどうなったか

ここでは、明治、大正、昭和における綿花作付面積をみていきたい。資料としては、かつての農林（農商務）省が毎年調査していた、農業関連の基礎資料『農業統計表』に依拠する。これによって、明治以降の国内での棉の栽培面積が確認できる。綿花は工芸作物の1品目であり「わた」として調査されているが、1965（昭和40）年の『第42次農業統計表』を最後に調査対象から除外された。したがって、ここでは1878（明治11）年から1965年のデータを基にする。

1878年から82年までは、推定実収高（t）しか掲載されていないが84年の推定実収高からみて、それらの期間でも約8～9万ha程度は作付けされていたとみてよいだろう。87（明治20）年が作付面積のピークであり、約9万9000haという作付面積を記録した。

1896（明治29）年に綿花輸入関税が撤廃されたことで、そ

明治、大正、昭和時代の綿花作付面積と収量の推移

作付面積

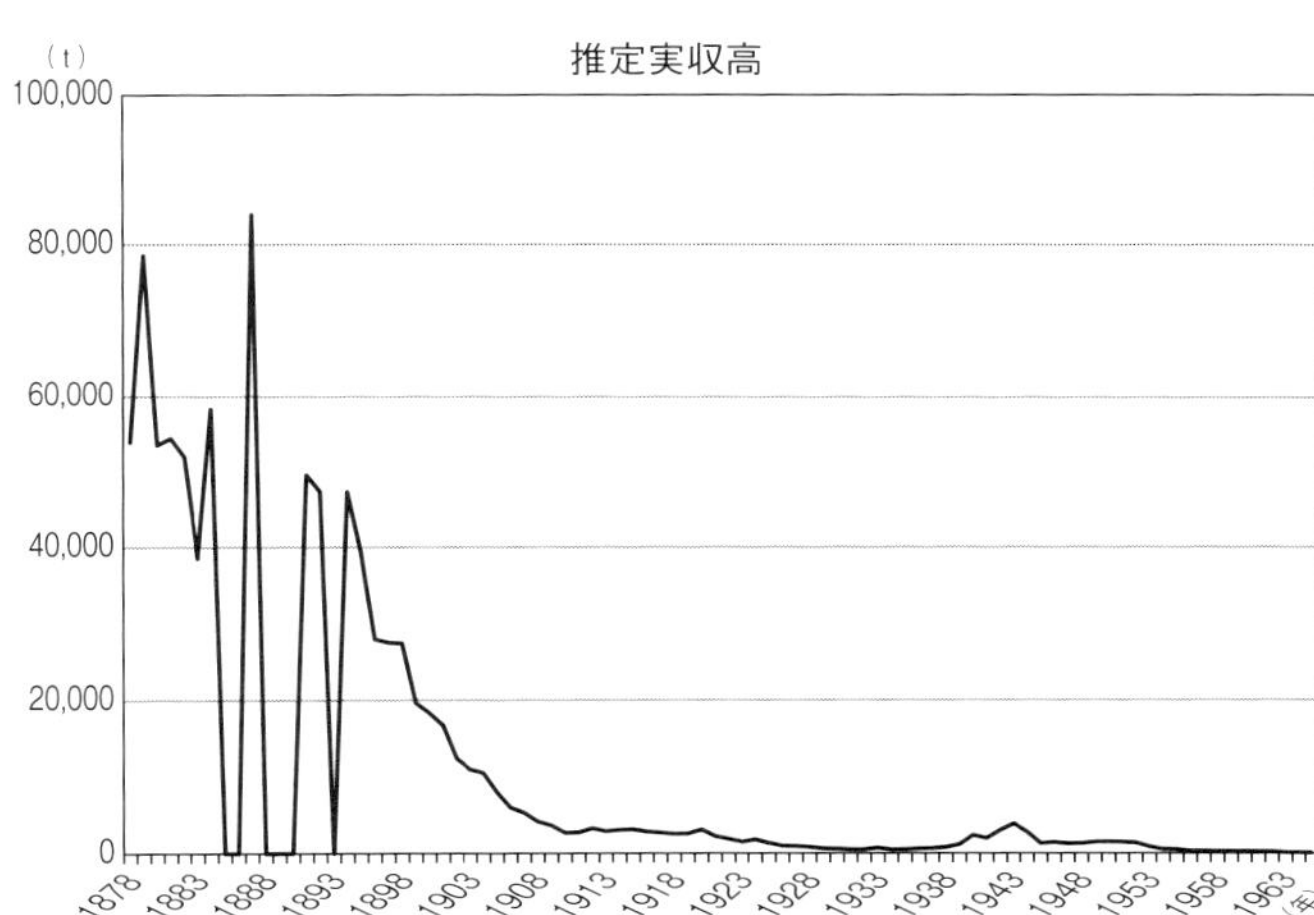

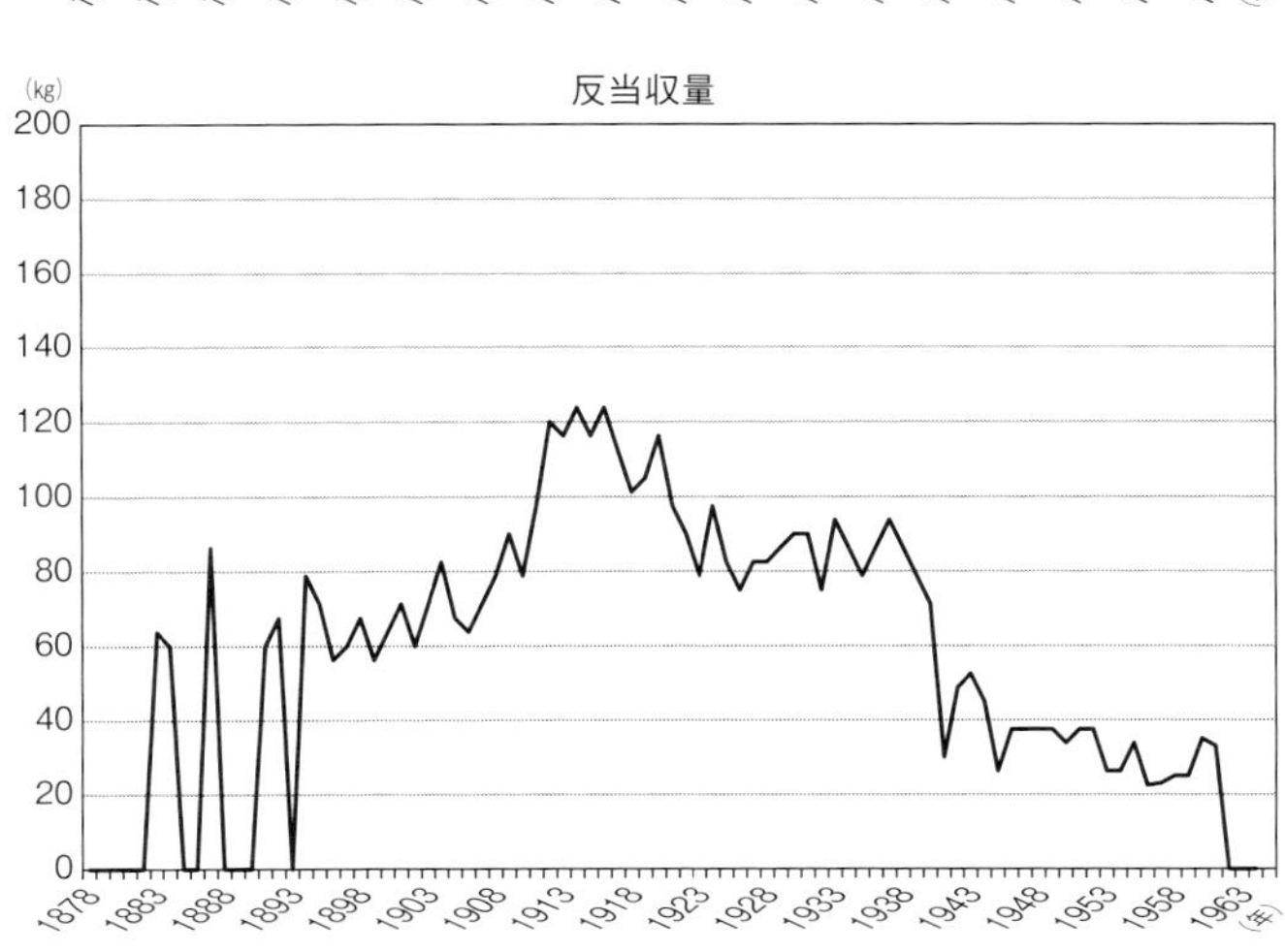

出所：農林水産省（1955）『農林省累年統計表』p.58、昭和28年まで。農林水産省『農業統計表』各年版、昭和29年から昭和40年まで。

れまでの横ばい傾向が一転して大幅な減少傾向となり、1911(明治44)年には2800haと1887年のピーク時と比べて約35分の1に縮小した。

明治期に入り、近代化の波は紡績産業にいち早く押し寄せ、大型の西洋紡績機械が九州の薩摩市域や関西の大阪市域、泉州地域に導入され、相次いで綿紡績工業が発展した。しかし、導入されたこれら大型の西洋紡績機械には、繊維長が短い和綿は不適であり、和綿を原料とした紡糸は断念され、陸地綿を中心とする洋綿原料の輸入へと大きくシフトした。その動きを決定づけたのは、綿花の輸入関税撤廃である。「1896(明治29)年の綿花輸入関税撤廃により、国内における綿花作付が急速に消滅した」(松下隆『参加体験から始める価値創造』)。これを契機に、とくに大阪地域における和綿作付については、引き取り価格の下落により、農家は反収の見合いがつかずに、相次いで綿花作付から甘藷や水稲にシフトし、作付面積が激減した。

大正期に入り10年間は微増微減であったが、1923(大正12)年に2000haを割り込んだ。その後、1928(昭和3)年には1000haを割り込んだものの、31年以降のアジア・太平洋戦争の戦時下に入ると、輸入物資であった綿花は、輸入が困難な情勢となってきたため、国内生産の必要性が高まった。このため、昭和初期に低調であった綿花作付面積は再び増加に転じ、作付面積も43年に7438haとなり、37年からわずか6年で10倍に急増している。これは、軍衣などの衣料を原材料から国内生産する必要に迫られた戦時統制経済下での変化であ

表2　明治、大正、昭和時代の綿花作付面積と収量の推移

	作付面積(町、ha)	反当収量(kg)	推定実収高(t)
1878(明治11)年	—	—	53,531
79(12)年	—	—	78,550
80(13)年	—	—	53,408
81(14)年	—	—	54,305
82(15)年	—	—	51,823
83(16)年	61,060	63.8	38,569
84(17)年	96,319	60.0	58,272
85(18)年	—	—	—
86(19)年	—	—	—
87(20)年	98,479	86.3	83,957
88(21)年	—	—	—
89(22)年	—	—	—
90(23)年	—	—	—
91(24)年	80,151	60.0	49,428
92(25)年	71,432	67.5	47,193
93(26)年	—	—	—
94(27)年	60,564	78.8	47,149
95(28)年	55,541	71.3	39,332
96(29)年	51,043	56.3	27,833
97(30)年	44,444	60.0	27,391
98(31)年	40,288	67.5	27,302
99(32)年	33,773	56.3	19,620
1900(33)年	28,262	63.8	18,354
1 (34)年	24,121	71.3	16,757
2 (35)年	20,700	60.0	12,458
3 (36)年	15,547	71.3	11,065
4 (37)年	12,870	82.5	10,578
5 (38)年	12,204	67.5	8,046
6 (39)年	9,666	63.8	6,009
7 (40)年	7,391	71.3	5,331
8 (41)年	5,279	78.8	4,187
9 (42)年	4,006	90.0	3,662
10(43)年	3,400	78.8	2,705
11(44)年	2,800	97.5	2,741
12(大正1)年	2,758	120.0	3,289
13(2)年	2,521	116.3	2,902
14(3)年	2,472	123.8	3,081
15(4)年	2,679	116.3	3,149
16(5)年	2,320	123.8	2,836
17(6)年	2,394	112.5	2,723
18(7)年	2,530	101.3	2,554
19(8)年	2,468	105.0	2,586
20(9)年	2,640	116.3	3,112
21(10)年	2,313	97.5	2,242
22(11)年	2,134	90.0	1,886
23(12)年	1,890	78.8	1,507
1924(大正13)年	1,845	97.5	1,811
25(14)年	1,669	82.5	1,354
26(昭和1)年	1,316	75.0	974
27(2)年	1,143	82.5	954
28(3)年	970	82.5	818
29(4)年	732	86.3	628
30(5)年	644	90.0	588
31(6)年	577	90.0	510
32(7)年	688	75.0	514
33(8)年	745	93.8	706
34(9)年	536	86.3	471
35(10)年	638	78.8	503
36(11)年	717	86.3	616
37(12)年	712	93.8	661
38(13)年	922	86.3	791
39(14)年	1,512	78.8	1,176
40(15)年	3,329	71.3	2,361
41(16)年	6,793	30.0	1,976
42(17)年	6,094	48.8	3,037
43(18)年	7,438	52.5	3,898
44(19)年	6,213	45.0	2,820
45(20)年	4,898	26.3	1,309
46(21)年	3,784	37.5	1,450
47(22)年	3,482	37.5	1,263
48(23)年	3,467	37.5	1,311
49(24)年	4,053	37.5	1,494
50(25)年	4,435	33.8	1,521
51(26)年	4,150	37.5	1,493
52(27)年	3,810	37.5	1,376
53(28)年	3,320	26.3	878
54(29)年	2,110	26.3	540
55(30)年	1,490	33.8	499
56(31)年	1,274	22.5	308
57(32)年	1,324	23.0	304
58(33)年	1,140	25.0	280
59(34)年	1,100	25.0	270
60(35)年	740	35.0	260
61(36)年	700	33.0	230
62(37)年	510	—	230
63(38)年	330	—	110
64(39)年	270	—	99
65(40)年	188	—	56

る。

1945年に戦争が終わったあとも、54年までは2000haを超える作付面積であったが、60年に1000haを割り込み急速に減少した。その後は65年に188haとの記録を最後に、政府の「農業統計表」の集計対象から除外され、それ以降現代までに政府統計による綿花作付面積は不明である(表2参照)。

●脈々と作付が続く地域は存在する――綿織の工芸品産地周辺

こうして政府による綿花作付面積の統計資料は途絶えたものの、日本各地では細々とながらも、おもに和綿を中心にして作付が続けられた地域があった。

例えば、木村茂光編『日本農業史』によれば、「近世後期から幕末期にかけて」のおもな木綿織等の産地とされるのは、河内木綿、播州木綿、尾州木綿、三河木綿、真岡木綿が挙げられている。これら産地は明治以降の和棉生産の衰退のなかでどうなったのか。小西平一郎、堀務、鷲見一政編『綿花百年　上巻』には、明治後期において近代的紡績機に原料として使用し、16番手程度の紡糸ができたのは、「坂上綿(さかじょう)、河内綿、尾州綿等の上質綿に限定される」との記述がある。これらの産地では、不足分を補う中国産の「唐綿(とうわた)」との混綿技術が発達し、その技術は日本の紡績技術として確立していったという。

前記の河内木綿、播州木綿、尾州木綿、三河木綿、真岡木綿、坂上綿のそれぞれの産地は、現代の大阪府八尾市周辺、兵庫県加古川市周辺、愛知県一宮市周辺、同県蒲郡市周辺、栃木県真岡市周辺、兵庫県尼崎市周辺であり、太平洋沿岸部の温暖な地域が中心である。また真岡市辺も小貝川ほかの河川沿岸で砂壌土地帯、日照にめぐまれた地域である。

これら綿花作付の地域は、栃木県の真岡を除き、中部、関西地域以西の太平洋沿岸、瀬戸内沿岸地域に集中している。温暖な気候条件下で水稲に次ぐ「換金作物」として、輸入関税撤廃後も、農家の経済性から作付が継続し、ある程度の拡大をみたと推定できる。

これら和綿の作付地域には、綿花問屋も引き続き残っており、農作物の商い場としての役割を担ったようである。

こうした伝統的な木綿産地以外にも、綿花栽培が維持された地域がある。太平洋岸地域のみならず、東北の会津地方以南でも、絣製品などの綿織物の工芸品産地を中心にした地域に作付が継続されたことがわかる。例えば、綿花作付では最北端とみられる福島県会津若松市周辺の会津木綿産地、珍しい日本海側での作付地として注目される鳥取県境港市周辺の弓浜絣産地などである。このように、伝統工芸品を産み出す産地の周辺に、原材料となる綿花が、細々とながらも継続して作付けされてきたのである。

(松下　隆)

日本全国の綿花作付マップ

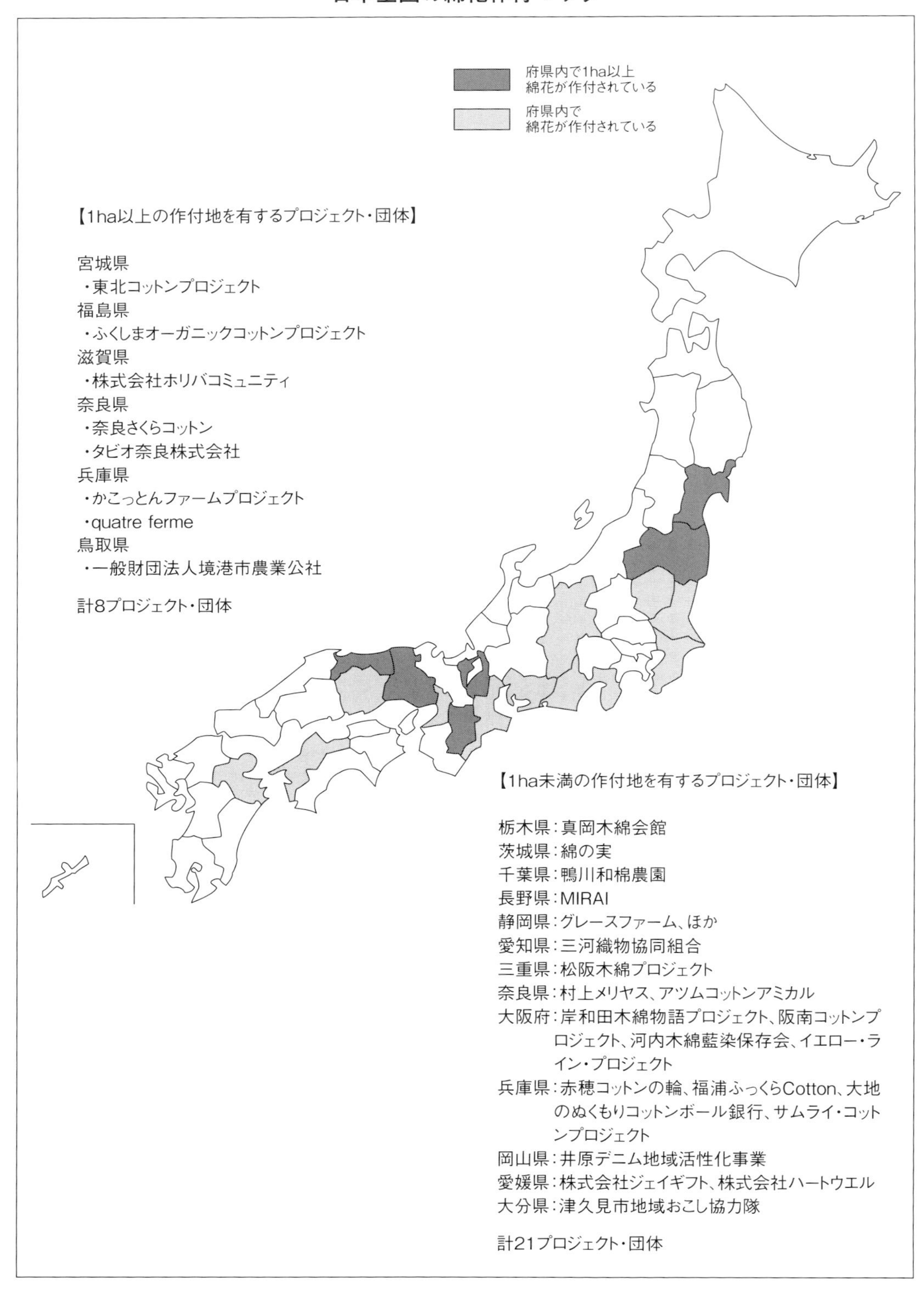

3章

各地の取り組み

新たな価値の創造――全国コットンサミット継続開催のなかで

●全国コットンサミットとは

私は、全国コットンサミット実行委員会の事務局を担当している。まず、この「全国コットンサミット」について説明しておきたい。

全国コットンサミットは、全国における綿花作付、製品化、地域振興に取り組む方々の情報交換と助け合いを目的に、2011年から年に一度、主要な綿作付地において開催している交流イベントである。18年までの8年間に、第1回は大阪府岸和田市(2011年)、第2回鳥取県境港市(12年)、第3回奈良県広陵町(13年)、第4回愛知県蒲郡市(14年)、第5回長野県高山村(16年)、第6回兵庫県加古川市(17年)、第7回福島県いわき市(18年)にて開催した。加えて、番外編として大阪府阪南市で阪南コットンフェスティバルを開催した(16年)。これらすべての開催に際して、プログラム内容の企画、講演者等への折衝、当日の運営補助などを担ってきた。

ここでは、こうした活動で得た顔の見えるネットワークやそれによって得られた情報をもとに、国内の綿生産・利用の現状をまとめてみたい。

●久方ぶりに明らかとなった国内の作付面積

2012年、全国コットンサミット実行委員会事務局では、全国の主な作付団体等を対象としたアンケート調査を行ない、現況把握に努めた。日本の綿生産の現状を把握する貴重な資料である。ここではそのアンケート結果について触れておきたい(表1)。

前年(11年)の作付実績は、全国で16団体、その作付面積合計は約6万1000㎡(6ha)、このうち「東北コットンプロジェクト」が1・5haであった。翌12

表1　2012年調査 綿花作付及び国産木綿の製品化等に関するアンケート

	「現在、作付している」との回答		「今後、作付け予定」との回答	
団体数	16		18	
作付面積別回答数	2011年度作付　実績		2012年度作付　予定	
	100㎡ 未満	2件	100㎡ 未満	1件
	100 ～ 500㎡ 未満	2件	100 ～ 500㎡ 未満	3件
	500 ～ 1,000㎡ 未満	3件	500 ～ 1,000㎡ 未満	3件
	1,000 ㎡ 以上	8件	1,000 ㎡ 以上	9件
	10,000 ㎡ 以上	1件	10,000 ㎡ 以上	2件
	作付面積合計　約45,948㎡ (除く「東北コットンプロジェクト」、1.5ha)＊ 参照:総合計面積　約61,000㎡ (6ha)		作付面積合計　68,499㎡ (除く「東北コットンプロジェクト」、5.5ha)＊ 参照:総合計面積　123,499㎡ (12.3ha)	

調査数:送付数80通、このうち回答数22通、回答率は27.5%
出所:松下隆(2014)『参加体験から始める価値創造』 同友館　p.50

年の作付予定面積についても質問しているが、東北コットンプロジェクトが5・5haに増やす予定だったほか、これを除く全体の合計面積も12・3haとなっており、大幅な作付面積の増加が予定されていた。

◎近年増加する1ha以上の作付地域

まず、1ha以上の作付面積を有する団体を取り上げたい。2010年に全国コットンサミットを開催するために、作付実施団体についてプレ調査を実施したが、当時は1団体で1haの作付面積を有したのは、境港市のみであった。

境港市での綿作付は、地元の伝統工芸品である「弓浜絣」の製作のために必要な和綿「伯州綿」を契約農家が生産していた。08年に鳥取県境港市の出資法人である財団法人境港市農業公社が、市内の雇用創出、産業創出を目指して国の雇用基金を活用し、伯州綿の試験作付を市内の536㎡の耕作放棄地等で始めた。翌09年には1haに作付面積を拡大し、その後12年、13年には最大2・6haにまで拡大し、日本最大の作付面積を有した(松下隆『参加体験から始める価値創造』)。その頃には、耕作放棄地対策の目的のみならず、伯州綿のブランド化、絣職人の後継者育成などの複数の目的を有していた。

境港市での取り組み以降、東日本大震災や、地域資源活用法など地域振興を目的とする法律や支援策の充実などにより、全国各地での綿作付団体が増加し、あわせて一団体当たりの作付面積も一部で増加した。

先のアンケート調査結果によると12年で最大作付面積を誇るのが、東北コットンプロジェクトであり、5haを超えていたとみられる。ただ、依然として、境港市の作付面積は広大であり、その後も直近期まで1haを超える日本最大の綿作付地域であったといえよう。

東北コットンプロジェクトについて少しふれておこう。2011年3月11日の東北大震災以後、5月に海砂が覆った塩分濃度の高い農地で、綿によって塩抜きを試みる試験栽培が宮城県仙台市荒浜地域と名取市で取り組まれた。東京等からの一団と全国コットンサミット実行委員会の一団が集結し、かつて「瀬戸内海の干拓地で塩分濃度の高い際には、綿を作付けし、塩分濃度を下げてから水稲へとシフトさせた」とする農業の経験則をヒントに農家支援を行なう目的であった。筆者も大阪から参加し、手探りながら綿の定植を行なった。その後、農家の絶え間ない努力と工夫が功を奏して収量が増加し、タオルハンカチ等の製品化および販売が実現した。3年を待たずに農地の塩分濃度が下がるなど多くの成果をもたらす一大復興プロジェクトとなったのである(詳しくは『東北コットンプロジェクト 綿と東北と わたしたちと』参照)。

他方、16年あたりから、奈良県大和高田市など独自のプロジェクトで作付面積が1haを超える地域、団体が出現した。

◎最新の調査による綿作付地域マップ

２０１８年の秋には、雑誌「季刊　地域」（農文協刊）編集部が同誌上で「農の手仕事」という特集のなかに綿の記事をまとめるにあたって、アンケートを実施した。このアンケートによる国内の綿作付の実態調査および、全国コットンサミット実行委員会事務局による調査をもとに作付マップを作成した。

この作付マップでは、日本全国の作付団体等を大部分網羅できたものの、すべての団体の情報を掲載することは困難で、調査に限界があることをあらかじめ注記しておきたい。

◎作付面積、作付地域団体ともに増加している

この２０１８年の「季刊　地域」編集部によるアンケートと、全国コットンサミット実行委員会事務局の調査によると、作付面積が１haを超える実施団体数は８つであった。一方、１ha未満での実施団体数は、確認できるだけで

表2　綿花栽培地、面積一覧

プロジェクト名	実施団体・個人	府県	市	栽培面積(ha)	和綿	洋綿	データ出所
1ha以上の栽培地							
東北コットンプロジェクト	kurkkuほかコンソーシアム形式	宮城県	仙台市、名取市、東松島市	1.60	0.00	1.60	a
ふくしまオーガニックコットンプロジェクト	いわきおてんとSUN企業組合	福島県	いわき市	2.50	2.50	0.00	a
—	株式会社ホリバコミュニティ	滋賀県	高島市	1.00	1.00	0.00	b
タビオ奈良	タビオ奈良株式会社	奈良県	広陵町、香芝市、河合町	8.00	0.00	8.00	a
奈良さくらコットン	高井ニット株式会社、株式会社ハヤシ・ニット、パドック株式会社	奈良県	大和高田市	2.00	0.00	2.00	b
quatre ferme	森田耕司	兵庫県	篠山市	2.35	2.15	0.20	a
かこっとんファームプロジェクト	ワシオ株式会社	兵庫県	加古川市	2.00	0.00	2.00	b
—	一般財団法人境港市農業公社	鳥取県	境港市	1.12	1.12	0.00	a
1ha未満の栽培地							
—	真岡木綿会館	栃木県	真岡市	0.10	0.10	0.00	a
綿の実	わた部	茨城県	つくば市	0.04	0.04	0.00	a
—	鴨川和棉農園	千葉県	鴨川市	0.01	0.01	0.00	b
—	MIRAI	長野県	高山村	0.80	0.40	0.40	a
グレースファーム	NPOトータルケアセンター	静岡県	浜松市	0.50	0.50	0.00	b
夢織人　棉の輪をひろげよう委員会	三河織物協同組合	愛知県	蒲郡市	0.70	0.00	0.70	b
生ゴミリサイクル亀さんの家	亀井静子	三重県	松阪市	0.20	0.04	0.16	b
—	村上メリヤス	奈良県	大和高田市	0.20	0.00	0.20	a
アツムコットンアミカル	池田雍	奈良県	宇陀市	0.03	0.03	0.00	a
阪南コットンプロジェクト	阪南市商工会	大阪府	阪南市	0.10	0.00	0.10	b
河内木綿藍染保存会	NPO法人河内木綿藍染保存会（藍工房　村西）	大阪府	八尾市	0.10	0.10	0.00	b
—	NPOニッポンバラタナゴ高安研究会ほか	大阪府	八尾市	0.20	0.20	0.00	b
—	イエロー・ライン・プロジェクト	大阪府	柏原市	0.01	0.01	0.00	b
—	赤穂コットンの輪	兵庫県	赤穂市	0.07	0.00	0.07	b
—	福浦ふっくらCotton	兵庫県	赤穂市	0.07	0.00	0.07	b
—	大地のぬくもりコットンボール銀行	兵庫県	西脇市	0.10	0.05	0.05	a
サムライ・コットンプロジェクト	サムライ株式会社	兵庫県	篠山市	0.08	0.08	0.00	b
井原デニムによる地域活性化事業	井原市及び井原被服協同組合	岡山県	井原市	0.46	0.00	0.46	b
—	株式会社ジェイギフト	愛媛県	今治市	0.10	0.00	0.10	b
—	株式会社ハートウエル	愛媛県	今治市	0.17	0.00	0.17	b
—	津久見市地域おこし協力隊	大分県	津久見市	0.01	0.01	0.00	a
			合計	24.62	8.34	16.28	
			和綿・洋綿の面積比率	-	33.9%	66.1%	

出所：a　一般社団法人農山漁村文化協会（2018）『季刊地域』「2018年アンケート調査結果」pp.38－40
　　b　全国コットンサミット実行委員会事務局　電話等による調べ（2018年10月）

も21、合計29団体にものぼる(表2)。

調査で把握できた日本全国の作付面積は、24・62haで約25haあった。

11年の全国コットンサミット実行委員会事務局調査による作付実績データが全国で16団体、作付面積合計が約6haであったことから、近年、日本国内における綿作付面積及び実施団体数は急増しているといえよう。

続いて、全国を3つの地域に分割して集計した。関東以北地域、中部地域(長野、静岡、愛知)、関西以西地域である。結果、関東以北地域が4・2ha(17・2%)、中部地域2・2ha(8・9%)、関西以西地域18・2ha(73・8%)と、温暖地域における作付面積のシェアが高いことがわかる(表3)。

表3　地域別作付面積

	作付面積(ha)	割合(%)
関東以北	4.2	17.2
中　部	2.2	8.9
関西以西	18.2	73.8
計	24.6	100.0

出所：a 一般社団法人農山漁村文化協会(2018)『季刊地域』「2018年アンケート調査結果」pp.38―40
b 全国コットンサミット実行委員会事務局　電話等による調べ(2018年10月)

18年における日本全国での最大作付面積を有する地域は、奈良県広陵町の約8haであった。広陵町では、「タビオ奈良株式会社」が超長綿を作付けして収穫し、これを原料にして国産靴下の開発・販売を目的にした活動を行なっている。同社は、全国の商業施設等で店舗を構える「靴下屋」を経営するタビオ株式会社の研究開発部門である。

それ以外には、福島県いわき市の「いわきおてんとSUN企業組合」が主宰する「ふくしまオーガニックコットンプロジェクト」が手がける2・5haの作付に続いて、兵庫県篠山市で森田耕司氏が経営する「quatre ferme」の2・35ha、奈良県大和高田市で同市の大和高田商工会議所が主宰する「さくらコットン」の2・0ha、兵庫県加古川市のワシオ株式会社が主宰する「かこっとんファームプロジェクト」の2・0ha、宮城県の3つのエリア仙台市、名取市、東松島市でkurkkuほかの団体が組織し、活動展開している「東北コットンプロジェクト」の1・6ha、鳥取県境港市の「一般財団法人境港市農業公社」の1・12ha、滋賀県高島市の「株式会社ホリバコミュニティ」の1・0haを加えた7つである。

●和綿の作付が全体の3割を占める

和綿、洋綿の2つに分けて、その作付割合を見てみよう。集計結果を52ページの表2で見ると、全作付面積が24・62haのうち、和綿が8・34haで33・9%、洋綿が16・28haで66・1%を占めることがわかった。

また、和綿のみ作付けする団体は、作付面積1ha以上で見ると「ふくしまオーガニックコットンプロジェクト」2・5ha、「株式会社ホリバコミュニティ」1・0ha、「一般財団法人境港市農業公社」1・12haの3つである。

一方、和綿のみで作付面積が1ha未満の団体数は、北から「真岡木綿会館」の0・1ha、「綿の実」0・04ha、「鴨川和棉農園」0・01ha、「グレースファーム」0・5ha、「アツムコットンアミカル」0・03ha、「河内木綿藍染保存会」0・1ha、「NPOニッポンパラタナゴ高安研究会ほか」0・2ha、「イエロー・ライン・プロジェクト」0・01ha、「サムライ・コットンプロジェクト」0・08ha、「津久見市地域おこし協力隊」0・01haの10である。

洋綿のみ作付する団体は、作付面積1ha以上で見ると、「東北コットンプロジェクト」1・6ha、「タビオ奈良」8・0ha、「奈良さくらコットン」2・0ha、「かこっとんファームプロジェクト」2・0haの4つである。

洋綿のみで作付面積1ha未満の実施団体は、北から「夢織人　棉の輪をひろげよう委員会」の0・7ha、「村上メリヤス」の0・2ha、「阪南コットンプロジェクト」の0・1ha、「赤穂コットンの輪」0・07ha、「福浦ふっくらCotton」0・07ha、「井原デニムによる地域活性化事業」0・46ha、「株式会社ジェイギフト」0・1ha、「株式会社ハートウエル」0・17haの8つである。

ほかに、和綿・洋綿ともに作付けている団体は4つで、その作付の内訳を見ると、森田氏の「quatre ferme」が和綿2・15ha／洋綿0・2ha、「MIRAI」が和綿0・4ha／洋綿0・4ha、「生ゴミリサイクル亀さんの家」が和綿0・04ha／洋綿0・16ha、「大地のぬくもりコットンボール銀行」では和綿0・05ha／洋綿0・05haとなっている。

●活動形態を類型化してみる

綿を作付けして活動している全国各地の市民や企業、団体について、その目的から類型化してみよう（表4）。

4つに類型化を試みた。Ⅰは「地域振興目的型（種の保存目的を含む）」であり、Ⅱは「純国産製品開発型」、Ⅲは、「地域振興＋純国産製品開発」と呼ぶ形態である。Ⅳは「その他（個人嗜好、施設サービス、企業の厚生、大学での活動）」としている。

Ⅰの「地域振興目的型」は、2011年の東日本大震災を起点として始められたもので、作付面積は1反（10a）を超え、大きい場合は1haを超えるものもある。収穫した綿は雑貨等の製品

表4　活動団体の類型化

	活動組織	栽培面積	機械紡糸
Ⅰ　地域振興目的型（種の保存を含む）	団体	1反以上	目的による
Ⅱ　純国産製品開発型	企業、団体	1ha程度	する
Ⅲ　ⅠとⅡの折衷型	企業、団体	1反以上	目的による
Ⅳ　その他（個人嗜好、施設サービス、企業の厚生、大学での活動）	企業、団体、個人、市民	1反程度が多い	目的による

づくりに使うとともに、機械紡糸を行なう地域外の企業などにストールやタオルなどの製造を外注し、その製品を販売する形態である。

Ⅱの「純国産製品開発型」は、国内で付加価値の高い方法で綿を作付けし、機械紡糸で国内産の綿糸を作り、この綿糸を材料にして加工にするまで、全工程を国産とする特異な製品開発を行なう形態である。

Ⅲの「地域振興＋純国産製品開発」は、ⅠとⅡの２つの目的を併せ持った形態である。

最後のⅣ「その他」は、昭和時代から個人もしくは市民活動として綿作付を行なってきた方々であり、これは相当数存在すると考えられる。ここに類型化される方々は、作付面積は１反程度と少なく、布団綿などに使用し、一部手紡ぎで紡糸する。また、種の保存のために作付けする。加えて、近年では企業の福利厚生や施設サービスとして作付けするなど多彩な活動を行なう形態である。

●多彩な活動形態が起こりつつある

表４の類型化にしたがって、現在活動する個人や団体について考察してみたい。まず、類型に従って現在活動する個人・団体を表５のように分類してみた。

第一に、地域区分から見て東日本よりも西日本に実施団体数

表５　現存プロジェクトの分類

	東日本	西日本
Ⅰ　地域振興目的型 （種の保存目的含む）	・東北コットンプロジェクト ・ふくしまオーガニックコットンプロジェクト ・鴨川和棉農園 ・夢織人　棉の輪をひろげよう委員会 ・真岡木綿会館 ・MIRAI	・生ゴミリサイクル亀さんの家 ・アツムコットンアミカル ・阪南コットンプロジェクト ・河内木綿藍染保存会 ・NPOニッポンパラタナゴ高安研究会ほか ・quatre ferme ・赤穂コットンの輪 ・福浦ふっくらCotton ・井原デニムによる地域活性化事業 ・津久見市地域おこし協力隊
Ⅱ　純国産製品開発型		・タビオ奈良（株） ・村上メリヤス ・（株）ジェイギフト ・（株）ハートウエル
Ⅲ　地域振興＋純国産製品開発折衷型		・奈良さくらコットン ・かこっとんファームプロジェクト ・サムライ・コットンプロジェクト ・一般財団法人境港市農業公社
Ⅳ　その他 （個人嗜好、施設サービス、企業の厚生、大学での活動）	・綿の実 ・グレースファーム	・（株）ホリバコミュニティ ・イエロー・ライン・プロジェクト ・大地のぬくもりコットンボール銀行

※東日本：北海道、東北、関東、中部地方であり、西日本：近畿、中国、四国、九州地方とする
※4つのタイプへの分類は筆者の判断による

出所：一般社団法人農山漁村文化協会（2018）『季刊地域』「2018年アンケート調査結果」pp.38－40、及び全国コットンサミット実行委員会事務局　電話等による調べ（2018年10月）のデータをもとに筆者分類

が多いことがわかる。綿作付が温暖な気候を要することから、西日本地域での活動が多いのではなかろうか。

第二に、作付の目的が地域振興であるものが多いことである。かつて綿を作付けしていた地域、織物技術を有する地域などが、地域資源活用により地域振興を目指して取り組んでいる場合がこれに該当する。地域の歴史から地域の産業を再考して、特色を生み出そうという目的である。

第三に、こうした一方で近年では、繊維製品製造企業が製品に付加価値やブランド力を付与するために、自ら作付を手がける例が増えてきた。活動内容には差があり、国産綿から製品をリリースするまでに至る企業と、試作段階である企業とに分かれる。製品を仕上げて販売するまでに至っている例として代表的なのが「タビオ奈良」であり、かつてかなりの作付面積と製品開発を手がけていた「ジェイギフト」などが挙げられる(詳しくは、松下隆『参加体験から始める価値創造』参照)。

●活動開始年代からみた傾向――特徴的な東日本大震災以降

次に、綿花作付プロジェクトの開始年代から見てみたい。

近年の作付プロジェクトは2011年の東日本大震災以後に始められたものが多い。例えば、東北コットンプロジェクトやふくしまオーガニックコットンプロジェクトなどが挙げられよう。東日本大震災は地震や津波の被害のみならず、日本全国の人々への気づきや価値観などに大きく影響を及ぼした。震災以降とりわけ変化したことは、「絆」という言葉の広がりや、全国各地でのマラソン大会の開催、全国各地のさまざまな個人レベルの取り組みが増加したことである。こうした背景には、震災後の復興のなかで自らの生き方や社会貢献活動への参画などが喚起され、それぞれの人々が切磋琢磨し始めた意識の変化が感じられる。このような変化が、綿花作付プロジェクトにも波及したのではなかろうか。

◎東日本大震災以前から続いているプロジェクト

では、東日本大震災以前から続くプロジェクトはどのようなものであろうか。いくつか表5にもとづいて特徴を挙げるなら、個人嗜好型、小規模、紡糸は手紡糸といった点であり、これらの特徴はこの類型に含まれる事例に共通している。

代表的なのが、兵庫県西脇市の「大地のぬくもりコットンボール銀行」である。

また、この類型のなかに含まれる事例で忘れてはならないのが、西脇市での活動と同時期の約20年前から綿作付を始め、地域自治体や企業を巻き込み活動領域を広げた「岸和田木綿物語プロジェクト」が挙げられる。このプロジェクトは、元々市民団体として綿作付を始めた「きしわたの会」が、会の発足後、製品づくりを依頼した大正紡績や辰巳織布などの企業の参画も得て、市民、企業、自治体が連携して結成した形態である。20

18年では綿作付面積がかなり少なくなっているが、1990年代から盛んに取り組んだ功績は大きい。この団体の呼びかけで、現在も続く全国コットンサミットが2011年6月に岸和田市で開催されたのである。

境港市での綿作付も古くから綿々と続けられており、他の地域においても、絣をはじめとした伝統的な織物産地で自家消費のために綿を作付けしてきたところがある。会津木綿、三河織物産地などである。

●東北大震災以降に始まったプロジェクト

2011年の東日本大震災は、人々の価値観や生活など様々な面に影響を与え、自らのアイデンティティを確立すべく、地域資源を再考、復活させるプロジェクトが次々に立ち起こった。

巨大な津波が押し寄せた宮城県荒浜で、綿作付を通じて、津波で被災し塩害で農地に被害を受けた農家の復興への一助となるべく始まった「東北コットンプロジェクト」もその一つである。大正紡績の近藤健一氏を旗頭に、筆者も含む関西からの一団と関東地域からの全農や関係者ら一団が、一緒になってプロジェクトを立ち上げた。その年の5月の連休に荒浜と名取の両地域で、初めて綿の種子を播いたのが、東北コットンプロジェクトの始まりである。

その後、こうした動きが東北被災地のなかでは、東松島へ広がる一方、福島県では、「ふくしまオーガニックコットンプロジェクト」などの活動が始まった。この活動は作付面積も大きく、NPO主導でさまざまな企業との連携にも取り組む新たな形態での活動となった。作付段階での定植、草ひき、収穫作業を企業の社会貢献プログラムに乗せるなど、綿による人の交流を生み出す意義深い形態として発展させていることが特色である。

また、最近5年にみられるのは、繊維関連企業が自ら綿作付を手がけ、新たな価値創造の提言を目指す動きが続いていることである。国内で作付けした原料から製品を作り消費者に訴求しても、どうしても価格が高くなれば簡単には売れない。販売を伸ばして採算ラインをクリアするには、相当の工夫が必要である。

しかしながら、あえて一部の製品ラインで特色のあるモノづくりを訴求し、それを企業の価値戦略、フラッグシップとして打ち出す動きが有効である。とくに、日本の靴下二大産地である奈良県広陵町を拠点にして活動する「タビオ奈良株式会社」、兵庫県加古川市での「かこっとんファームプロジェクト」は、採算性や新たな価値創造を両立させることを目指した意欲的な活動である。

●今後の作付活動を継続する上での課題

作付面積の増減は、今後も繰り返すものと予想される。その増減の要因には、次のようなことが考えられる。

第一に、経営規模が大きい企業が大型の作付プロジェクトに多くの資金を投入して行なえば、作付面積は増加する。1ha以上の作付面積を運営するには、多額の資金と労働力、何より情熱と利用目的が明確でなければならない。

第二に、地域振興目的のプロジェクト型の場合、資金や主導する者の情熱、協力者の体制など、主たる要素が欠けたり、弱まったりするとたちまち推進力を失う。例えば、岸和田市での「岸和田木綿物語プロジェクト」では、かつて綿作付を含めたトータルな活動であったが、構成メンバーが高齢化し、体力面から作付活動に限界が生じて、綿作付については縮小せざるを得ない状況へと変化している。兵庫県西脇市での「大地のぬくもりコットンボール銀行」も同様に、初代のプロジェクト主導者の死去に伴い、一度は推進力が弱まったことがある。

第三に、国内での作付には地代や労働力等の間接経費などが相当に高額となり、輸入綿花との価格差が縮小できていない。それぞれの活動団体が、間接経費の縮減に知恵を絞っているが、課題が解決できたとはいいがたい。まして、作付された綿花を綿繰、紡糸する工程を経てできた原料糸は、輸入オーガニック糸よりも高価にならざるを得ない。各団体において、作付に要する費用の縮減、綿繰コストの圧縮、小ロットでの依頼にも対応できる紡績方式の開発など、原価の低減に知恵を絞ることが必要である。

●エシカル・コンシューマーの育成がカギ

しかしながら、安い輸入糸と価格面で競合させる方策よりも、むしろ、それらと異なる比較的高額な製品であっても購買する消費者を育成し、また獲得すべきである。つまり、一般消費者の購買マインドに「エシカル性」(ethicalとは倫理的、道徳的の意。人の行動を、人と社会、地球環境、地域との関係から倫理的、道徳的に規定しようとする考え方である。ここではフェアトレードやSDGsなどを意識した消費選択を採る消費者の性向を指す)を引き込んでもらうのである。「エシカル・コンシューマー（倫理性の高い消費者）」のかっこよさやトレンド性が普及すれば、国産綿花作付による製品の価格と価値が認められるであろう。

今後、プロジェクトが成功するか否かは、これらに取り組む活動者や企業が、自分たちの進めようとしている活動を応援してくれるエシカル・コンシューマーをいかに醸成し、価値を認めてもらえるかにかかっているといえる。

（松下　隆）

古着の循環運動からワタ栽培による地域復興へ
―「ふくしまオーガニックコットンプロジェクト」の場合―

●プロジェクト形成まで

「ふくしまオーガニックコットンプロジェクト」は、東日本大震災の翌年、2012年から福島県いわき市を中心として始まった。有機農法での和種茶綿の栽培からモノづくりに至る一連の取り組みである。この取り組みの中心を担っているのは、「特定非営利活動法人ザ・ピープル」と「いわきおてんとSUN企業組合」（双方とも筆者自身がその代表）と、双葉郡広野町で活動する「NPO法人広野わいわいプロジェクト」（理事長：根本賢仁氏）の3組織である。どのようにしてこのプロジェクトが形成されてきたのか、簡単に説明したい。

プロジェクトが栽培するコットン畑

いわき市は、福島県浜通りの南端に位置し、温暖な気候で知られる土地である。江戸時代までは綿花栽培が行なわれていた記録が残っているが、近年はほとんど行なわれていなかった。その土地で綿花栽培に着手しようということになったのには、東日本大震災が大きくかかわっている。

◇古着のリサイクル活動から罹災者支援活動へ

主催団体の一つ、「ザ・ピープル」は長年地域内で古着リサイクルの活動を中心に、住民主体のまちづくりに取り組んできた市民団体である。年間260ｔの古着を地域内外から回収し、さまざまなリサイクル手法を組み合わせながらその90％以上を資源として地域内に戻す活動を行なっている。

大量の古着が手元にあることから、いわき市の福祉部門などからの要請に応じ、震災前から火災の罹災者などに古着を救援物資として提供することを繰り返してきていた。そうした経験から、特定非営利活動の一つとして災害救援活動を掲げていたのである。

「災害救援活動」という言葉に背中を押される形で、東日本大震災発生直後から地域内の地震・津波被災者に向けた古着や靴の提供を行ない、その後、いわき市社会福祉協議会の設けた災害救援ボランティアセンターの小名浜支部として「小名浜地区災害ボランティアセンター」（小名浜地区復興支援ボランティアセンターと改称し2017年度まで継続）を開設。地域内の地震・津波被災者に対する支援と、福島第一原発事故の影響で市内に大量に流入した避難者に対する支援に取り組むこととなった。

◇耕作放棄地にオーガニックコットンの栽培を

支援事業の一つとして、避難所に対して自炊形式での炊き出しを行ない、調理器具と食材を調達して数箇所の避難所へ届けることを2か月半にわたって行なった。その際使用する食材として、地域外からの食品のみならず、原発事故の影響で廃棄処分せざるを得なくなっていた地域の農家の野菜(施設栽培のもの)を買い上げて使用していた。購入のために訪れた先の農業者からは、情報不足のなか、今後農業を継続しても消費者が購入してくれないのではないかという不安があり、この際農業をやめようと思うという話を聞かされた。そのことから、市民活動として耕作放棄される土地をなんとかできないかという思いを募らせたのである。

偶然、東京に本部を置く「認定NPO法人JKSK(女性の活力を社会の活力に)」(理事長：木全ミツ氏)主催の集いに代表が参加した際、「株式会社アバンティ」の渡邊智恵子社長(当時)と出会い、国内でオーガニックコットンの栽培を広げたいという渡邊氏の思いと、食用作物の栽培ではなく、繊維になる作物の栽培を通して地域内の耕作放棄地が耕地として生まれ変われるのではないかとの思いがつながり、このプロジェクトが産声を上げることとなった。

●ワタ栽培への着手から現在まで

2012年1月に信州大学繊維学部を訪問し、実際の綿花栽培地を目にして栽培方法の説明を受けることから事業がスタートした。初年度は、地域内の農家数軒とともに、1・5haでの栽培を行なった。しかし、当初「コットンは粗放な作物なので放っておいても大丈夫」という説明を受けていたものの、実際には雑草に負けて生育しないまま終わる栽培地が相次ぎ、収量は最終的に種子を含んだままのシードコットン100kgのみという結果に終わった。

そこで、「地力保全機構」代表新井和夫氏の指導を仰ぐこととし、翌年

表　コットン畑の広がり(おもにいわき市)

年次	市内の作付地	市内外の栽培学校数	栽培面積(ha)	収量(kg)
2012(平成24)年	30か所	市内の小学校：10、高校：1	1.5	100
2013(平成25)年	28か所	市内の小学校：8、中学校：2、高校：1	3	890
2014(平成26)年	28か所	市内の小学校：10、高校：1	2.6	640
2015(平成27)年	28か所	市内の小学校・中学校：30、高校：1	2.6	690
2016(平成28)年	24か所	市内外の小・中学校：15、市内の高校：1、県内小中学校：6	2.6	1000
2017(平成29)年	23か所	市内外の小・中学校：16	2.3	660
2018(平成30)年	23か所	市内の小・中学校：10、市内の高校：1	3	900(見込)

から新井氏の指導をもとにした栽培マニュアルを作成。それに則した形での栽培を行なうこととした。

13年には、栽培したコットンを商品化するための事業化の主体が必要であるとの思いから、営利事業を行なうことのできる「いわきおてんとSUN企業組合」を地域の3NPO法人の代表者らと共に設立。市民活動的な栽培をNPO法人が担い、安定した事業としての道筋づくりを企業組合が担うという、車の両輪のような体制で事業が進むこととなった。

さらに、コットン栽培を隣りの広野町で実施したことがきっかけとなり、避難生活から町に帰還した町民の中でまちづくり団体「NPO法人広野わいわいプロジェクト」が生まれ、現在コットン栽培地や防災緑地の管理等を通して独自の事業を進めている。

その後の活動のなかで、栽培は楢葉町・富岡町・南相馬市にも拡大。ゴシポールという成分を含むコットンの種子が、哺乳動物の生殖能力を極端に低下させるということから猪などの獣害に遇い難いという特性を生かし、原発事故後の福島浜通りの農業に何らかの指針を示す栽培になるものと考えられている。

◇全国コットンサミットの開催

2018年には、「全国コットンサミットin福島いわき」がこの地で催され、全国各地から綿花栽培関係者350名を超える参加を得た。

基調講演の一つとして、本プロジェクトの立ち上げ経緯がプロジェクト代表から報告されたが、この中で語られていた「福島から未来を紡ぎ出す、新しい価値を生み出す」というこの取り組みは、今まさに助走から本格的な走行に入った地点にあると言っていい。

●栽培技術の向上目指す

栽培については、複数の栽培者が、プロジェクトとして統一した栽培方法をできるだけ踏襲できるよう努めている。

栽培には、在来種の茶綿である備中茶綿を導入しこれを主として栽培しているほか、一部に会津木綿、アップランド綿(遺伝子組み換えでないもの)などの白綿の栽培も加えている。オーガニックコットンなので、有機農法にこだわり、牡蠣殻石灰、鶏糞や一部に牛糞を使う。また、病気・害虫対策には木酢液のみを使用して栽培している。

年々の栽培暦は、4月中旬にポット育苗用の用土づくりから始まる。4月下旬に播種すれば、5月の定植、7月の摘芯、風対策の支柱立てと紐掛けなどの作業が続く。これで9月下旬には収穫開始となる。

◇栽培管理全般に目配りするコットンチームを創設

本プロジェクトでは、地力保全機構の新井和夫氏を講師として迎え、栽培の反省会を開催してきている。その中で、改めて栽培を通して各栽培責任者が疑問に思ったことなどを直接新井氏にぶつけて回答を得る時間を持ってきた。２０１７年度末に開催した反省会では栽培責任者と新井氏との間で、具体的な課題をめぐるやり取りが続いた。詳細は省くが、地下水位の高いところ、播種や発芽不良、鶏糞施用、マルチの効用、木酢液の効果、摘芯、ヨトウムシ対策などが議論されている。

こうした対話を重ねながら、プロジェクトメンバーは、栽培の基盤を支えるため、ザ・ピープル内にコットン栽培の管理全体にかかわるコットンチームを組織した。そのことによって、適切な対策を講じることができるようになってきた。「いわきコットン」と名付けてアピールできる日を心待ちにしている。

●棉から繊維を取るまで

【収穫】

開花２か月後の９月から１月にかけて、コットンボールの中の圧力が高まるにつれ、ボールの先端から裂け始め、５日ほどで中から綿が弾けてくる。３か月超の期間、次々とコットンボールが弾けて収穫できる。

収穫するのは、成熟したワタである。ワタが成熟しているかどうかの目安は、実が完全に開いて綿がモコモコと垂れ下がり、綿を摘まむと簡単に取れる状態のものである。

収穫の際には、周りの葉や枝など、５㎜以上のものが綿に付かないように注意する。ワタに付いてしまったら、取り除いておく。そのままにすると綿繰りの際に、質が落ちてしまう。

【乾燥】

収穫したコットンは、日陰で1週間程度干して乾燥させる。とくに次年度の播種用の種は、直射日光で干すと発芽率が下がるため注意する。

【綿繰り、種子の確保】

各栽培者から回収した綿を、各圃場ごとに計量したあと、一括して電動の綿繰り機で綿繰りを行なう。綿繰りすると、種子を取り分けたいわゆる「原綿」は、種子を含んだままの「シードコットン」に比べると3分の1程度の重量となる。

次期栽培用の種子については、発芽率を維持するように努める。そのためには、収穫期の初めの頃に採取した種子を選び、できるだけ傷つけないようにして、手動の綿繰り機で綿繰りする。

種子を1年以上置く場合には、冷蔵庫などに入れて保管し、劣化を防止する。

●原綿から製品化、販売まで

「ふくしまオーガニックコットンプロジェクト」としては、収穫したコットンを電動の綿繰り機で原綿の状態にしてメーカーに出荷する。国内の紡績工場、織屋、縫製工場などだが、これらのメーカーを介して最終的な繊維製品として手元に戻ってきたものを、「いわきおてんとSUN企業組合」の製品として世に出す形態を採っている。

◇チャルカが広げる糸紡ぎの輪

しかし、地域で栽培され、収穫されたコットンを、地域内で最終製品にまでできないだろうかとの思いが生まれ、紡ぎ手を地域内で育成しようとの取り組みを行なってきた。その際に使用した糸紡ぎの道具が、チャルカだった。ガンジーがインド独立運動の際に、各地でインド産の綿を紡いでいた道具がこのチャルカである。インドの国旗のデザインにもなっているこれを、長野県の木工職人の協力を得て、日常生活の中に持ち込みやすい形に改良したのが、写真にあるものである。

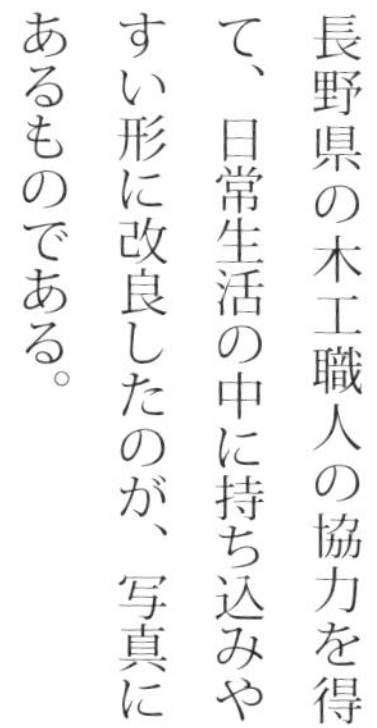

インドの糸紡ぎ道具「チャルカ」

弓による綿打ち

小学校でのコットン栽培に組み合わせた糸紡ぎ教室などを開催することがあるが、ここでも、このチャルカがあるおかげで、子どもたちがたやすく糸を紡ぎ出す体験ができるようになっている。また、このプロジェクトを紹介するために、環境系の団体のイベントに参加することがあるが、その会場で来場者に体験教室を実施する際にも、老若男女が紡ぎ出しに成功し、ある程度の達成感を持ってくれている。この道具を活用して糸紡ぎを日常生活の中に楽しみとして広げていくことを、私たちのプロジェクトでは目指しており、少しずつ成果を生み出している。

綿打ちを体験する少年

なかでも、地域女性の中で「織姫の会」「いわき手作りの会」という糸紡ぎのグループが立ち上がり、いわき産の手紡ぎした茶綿を横糸に使用した手織りの製品を生み出していることは、今後に向けた大きな足がかりになっていると考える。

（吉田恵美子）

「伯州綿」の復活――「衣」の地産地消

●境港市と伯州綿

境港市は、鳥取県の北西部にある、弓の形をした全長18km、幅4kmの「弓ケ浜半島」の北端に位置し、砂が運ばれてできた細長い半島にある。

三方が海に開け、風光明媚な白砂青松の海岸線を有する東西4km、南北5kmの海抜2m以下の平坦な砂地の土壌で形成され、全国有数の漁獲高を誇る漁港を有する人口約3万5000人のまち、それが境港である(72ページの地図参照)。

青空に棉

近年、境港市では国産の在来和綿「伯州綿(はくしゅうめん)」の復活栽培への取り組みが進められてきた。伯州綿は、江戸時代前期から栽培が続き、鳥取藩から栽培を奨励されていた。藩を代表する産物として境港から北前船で全国に運ばれ、一大ブランドを築き上げ、藩財政を支えていた和綿である。かつて鳥取県西部地域は「伯耆(ほうき)の国=伯州」といわれたことから、伯州綿と呼ばれていた。

伯州綿は、地元では浜綿(はまわた)とも呼ばれ、今から300年以上前に栽培が始まったといわれ、かつては一大産地として全国に名を馳せた特産品であった。近代になってからも、今に至るまで境港市の特産品であり、江戸時代から続く国指定の伝統的工芸品「弓浜絣(ゆみはまがすり)」の主原料として用いられている。

綿の特徴としては、繊維が短く・太く、弾力性(バルキー、粘り)や白色度への評価が高い。在来種であるので日本の気候風土に適した調湿性、保温性にも優れており、絣はもちろんのこと、布団の

伯州綿の花

伯州綿のみのり

中綿(詰め物)としての評価も非常に高い良質な綿と評価されている。

【自然条件】

境港市のある弓ヶ浜半島の土壌は、砂地で形成された平らな砂州であり、自然の川もなく、砂地であるために稲作には適さない土地であった。先人が苦労の末、江戸時代に長い年月をかけた難工事により開設した用水路「米川(よねがわ)」の完成により、ようやく砂地でも栽培可能なサツマイモと綿花の栽培が普及してきたのである。

ただ、水はけのよい砂地は、綿花を栽培するにはかえって最適な土壌であったことや、鳥取藩が栽培を奨励したこともあり、綿花栽培は飛躍的に発展し、成長して国内最大の産地となり、日本一の生産量を誇った時期もあった。

献上綿

昔の収穫風景。女性たちの着物も弓浜絣

【立地】

境港に寄港する北前船によって、境港で生産された綿、綿布、絣は、関西や北陸、東北まで運ばれ、境港の発展に大きく貢献した。「伯州綿」はブランド綿として流通し、全国にその名を轟かせ、皇室にも「献上綿」として献上されたのである。

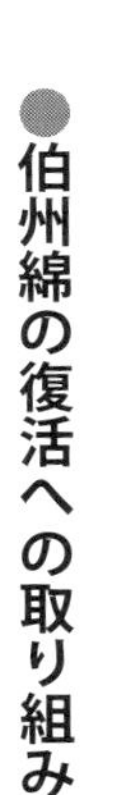

●伯州綿の復活への取り組み

近年、境港市では『伯州綿』を地域の伝統的資源ととらえ、2008年度からその復活の取り組みに着手。今では全国トップクラスの栽培面積を誇り、天候に左右されるため、3tを超える豊作の年もあったが、近年では約1tの収穫を確保できている。こうして、産地だった昔ほどの面積ではないが、「綿畑のある風景」が復活し、「種まき」、「開花」、「コットンボール」、「収穫」という栽培過程の一つひとつが、移ろう季節とともに、境港市の風物

弓浜絣を使った小物類

詩として定着し、市民の中に浸透しつつある。

◇弓浜絣が維持した境港の和綿

かつて日本中で栽培されていた国産綿花も、明治時代の関税撤廃により、外国産綿花の輸入量が増えたことで国内各産地の栽培が衰退し、産地が崩壊していった。そして現在では、綿花の国内自給率は限りなく0％に近く、ほぼすべての綿花を輸入に頼っている状況となった。

しかし、国内の綿花栽培が壊滅的な状況のなか、境港市では途絶えることなく、先人から受け継いだ「伯州綿」の種子が現在まで大切に引き継がれてきている。

これは、この地域で綿花栽培とともにあった絣織物「弓浜絣」の存在が大きかったと思われる。伯州綿が弓浜絣の原料として使用されてきたことで、絣作家自身や作家を支える農家によって、細々と、しかし確実に栽培は受け継がれ、続けられてきたからである。

●伯州綿復活の活動経過

以下、復活の取り組みの足取りをたどりたい。かつてのような一面の綿畑が広がる風景を取り戻したい、この思いから市の農業公社をベースにした再興の取り組みがスタートする。その思いを直接行動に結びつけることになる栽培のきっかけは、地元の栽培農家から種を譲り受けた時点、つまり2007年までさかのぼることになる。

◇種子の入手

境港市農業公社をベースにして取り組んだ私たちは、栽培農家が収穫した綿を一度預かり、「手動の綿繰り機で種取りをしたうえで、繰り綿は返却する」ことを条件に、種子だけを譲り受けることができた。当時職場の上司の許可をもらい、昼休憩を利用して手動の綿繰り機を回した日々を懐かしく思い出す。

この種子から翌年、2008年度に境港市農業公社での試験栽培から始まる伯州綿栽培事業が動き出すことになった。

◇境港市農業公社での管理耕作の一貫として

事業母体とした境港市農業公社は、境港市100％出資で、理事長は境港市長が兼ねる一般財団法人である。プロパー職員はおらず、市役所の商工農政課の職員が兼務で事業運営に携わっている。

農業公社では、余った農地を借り受け、規模拡大を目指す農家に貸し出すなど、農地の貸し借りを主な業務としているが、貸し出す農地のほうが借り受ける農地より少なく、農業公社で管理をしなければいけない農地を抱えている状況だった。

公社が管理しなければいけないこの農地を、中間保有地と呼んで、通常は農地の保全を目的にして、草刈り・耕耘などの作業を行なって管理するのだが、草刈り、耕耘による管理だけでは支出が増える一方で、利益(収入)が生まれない。そこで、境港市の農業公社では、収入を生み出すべく「管理耕作」という手法で、貸出しに至らなかった余剰農地を活用して、作物栽培を試みていた。それまでにも、ソバを栽培したり、ヒマワリを栽培して油を搾ったりしてきた。景観作物であるコスモスを植えた年もあったのである。

従来続けてきたこうした管理耕作の一環として、候補にあがったのが「伯州綿」栽培だった。500㎡の小さな区画で、管理耕作用の作物として伯州綿を栽培することになったのである。こうして、農業公社による伯州綿栽培事業がスタートすることになった。

◇耕耘以外はすべて手作業での栽培管理

プロパー職員のいない農業公社での栽培は、市役所職員が業務の合間を見て作業に従事することになる。

耕耘は、トラクターを所有する農家に作業を委託するが、その他の作業は、種まきから除草、間引き、摘芯、収穫と作業のすべてが手作業によっている。収穫もすべて手作業で、一房一房を丁寧に収穫している。

◇手さぐりの栽培管理だが昔ながらの栽培にこだわる

かつての特産作物「伯州綿」も栽培が廃れて数十年の歳月が流れており、県の栽培指導所管理課でも十分な情報は入らなかったので、栽培技術は古い文献に頼るといった、手探り状態でのスタートとなった。

ただ、農薬や化学肥料は使用しない、「昔ながらの有機肥料による栽培」にこだわったため、とくに除草作業は大変だった。真夏の炎天下、うだるような暑さの中の作業は職員を苦しめ、多くの苦労もあった。だが、さすがにかつて一大産地を形成していた綿花栽培の地、境港は、昔と変わらない伯州綿に適した土壌、気象条件を提供してくれた。そのおかげで、農業「ずぶの素人」集団といえる市役所職員の栽培管理でも見事な綿が実り、収穫を迎えることができた。

◇リーマン・ショック後の雇用対策で本格始動

さて、収穫した綿はどうしようと思案していたところ、国産綿による布団作りに取り組んでいる布団屋さんが、収穫した実綿を見てくれるという機会が生まれた。

さっそく鑑定にかかった実綿は、綿を扱うプロから見ても素晴らしいと最大限の評価をいただくことができた。こうしたこともあって、一度限りの取り組みに終わらせてはもったいないと、この先の事業展開について思いを巡らせることにもなった。

ちょうどそのころは、金融破綻の大事件リーマン・ショックのあとで、国による経済対策、雇用対策として、緊急雇用事業が始まることになった。2009年度のことである。これが渡りに船となり、緊急雇用事業を活用した伯州綿の栽培事業を本格的にスタートすることができた。

●「綿のある風景」を取り戻す運動のスタート

この境港に再び綿畑が一面広がる原風景が復活できないか、「綿のある風景」を取り戻せないか、ということで、在来種和綿栽培の復活、耕作放棄地の解消、雇用の創出を目的に国による交付金を100%活用して、市の財政負担もなく、休耕地の管理耕作用の作物として伯州綿を栽培する事業をスタートすることができた。

試験栽培をした2008年度の栽培面積は500㎡の小さな区画だったが、本格スタートとなった09年度は、その20倍の1万㎡の面積での栽培となった。

◇5年以上の荒廃農地を伯州綿の栽培に

栽培農地は、すべて耕作放棄地となって5年以上経過している荒廃農地を選定した。耕作できる農地への復旧事業についても、国の補助事業をうまく活用して、市の財政負担なく、繁茂する草や不法投棄によるゴミの処理等の耕作放棄地の再生を行ない、畑を準備した。

こうして、5年以上人の手が入っていない、農薬・化学肥料の影響を受けていない農地で、農業公社に緊急雇用事業による5名の臨時職員を迎え、農薬や化学肥料を使用しない伯州綿の栽培がスタートできることになった。

◇棉畑に市民を――「伯州綿栽培講座」の開講

栽培に携わる人の確保にも工夫をした。緊急雇用事業により農業公社に雇用した臨時職員だけに頼るのではなく、栽培に関心のある市民を巻き込み、一緒に綿畑を守り、一定面積を維持、確保し、栽培を支えてもらおうとの考えからだった。

最初に、栽培のイロハを体験してもらう「伯州綿栽培講座」を開講した。市民を対象にしたこの講座は、種まきから収穫まで一年を通して実際の畑で体験してもらい、伯州綿栽培のノウハウを習得してもらい、綿に親しみ、関心を持ってもらうことができたと思う。

◇第二段階は「伯州綿栽培サポーター制」へ

そのうえで、翌年からは栽培講座のOBを中心に、「伯州綿栽培サポーター」を募集した。サポーターの一人ひとりに栽培区画を設けて、農業公社が畑を提供する。畑は農業公社で耕耘して、施肥についても化学肥料でなく有機肥料を準備する。もちろん種子も準備して各サポーターに提供した。

サポーターのみなさん

さらに、これが境港のサポーター制の独自なところかもしれないが、農業公社はそれぞれのサポーターが収穫した綿を、全量買い取ることを約束して、収穫量に応じて対価を支払うことにしたのである。サポーターは、個人やグループで栽培に参加し、栽培能力に応じて栽培面積（畝数）を調整しながら、種子の植え付けから収穫までの作業を請け負うことになる。

こうして、幼稚園オヤジの会や仲良しグループ、スポーツ少年団のバスケットボールチーム、手織物サークルなど、当初の予想を上回るさまざまな人々を集めることができた。

◇収穫綿の全量公社買い上げ制

収穫した綿は全量を農業公社に買い取ってもらえるしくみなので、収穫量に応じて得られる「ご褒美」で、バスケットボールを購入したり、グループの活動資金に充てたりする例も出てきた。公社とサポーター参加者との間はウィンウィンの関係だが、畑の作業が、ただ単にグループの活動財源を得るためだけの活動というのでなく、畑仕事がグループのコミュニケーションの場、活動の場となり、生きがいややりがいを感じてもらえる場になっているようである。

今では１００人を超えるサポーターに伯州綿の畑を支えてもらっている。

親子で収穫

子供とコットン

◇新生児におくるみを、お年寄りには膝掛けを

また、その区画で収穫する綿からは、伯州綿１００％の商品を製作し、新生児には「赤ちゃんおくるみ」、１００歳を迎えたお年寄りには膝掛けを、それぞれお祝いとしてプレゼントしている。これをサポーター募集の際の宣伝にも活用して、「地域で生まれてくる新しい命、赤ちゃんをサポーターのみんなで心を込めて栽培した綿から作るおくるみで優しく包みましょう」と呼

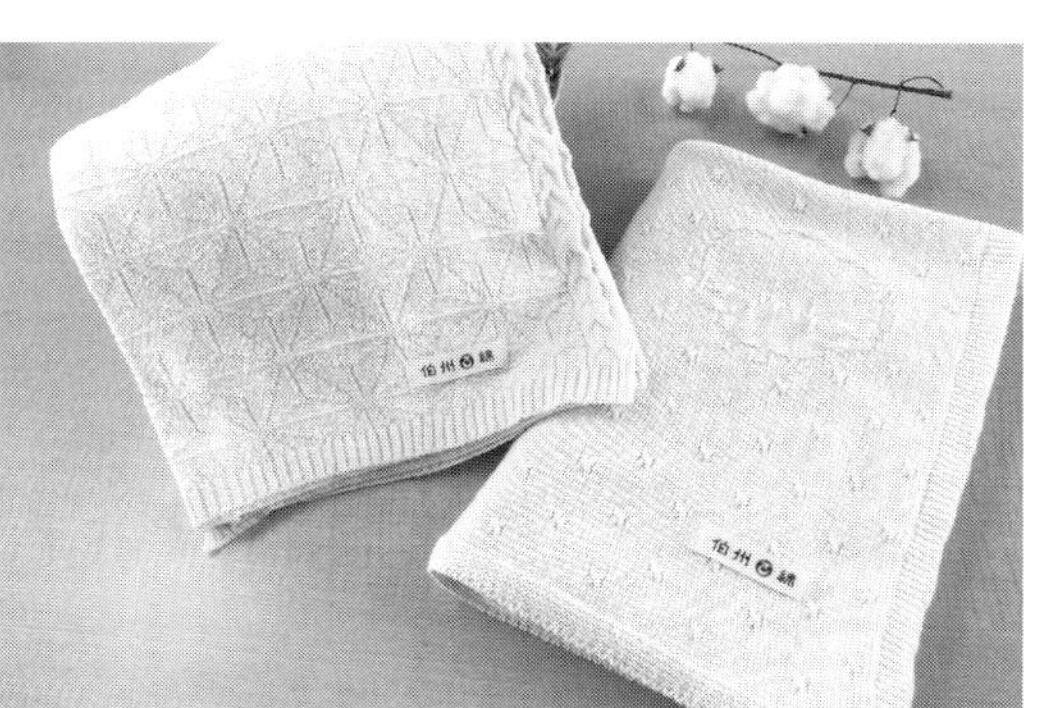

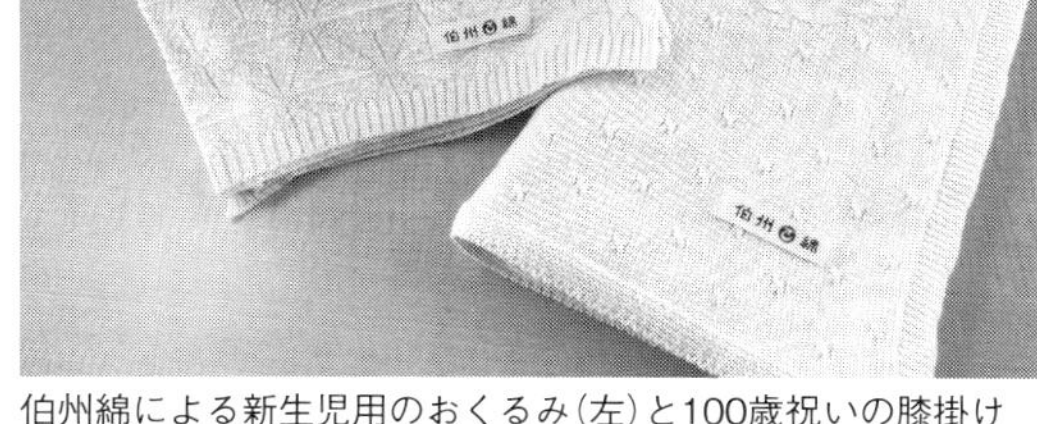

伯州綿による新生児用のおくるみ（左）と100歳祝いの膝掛け

「おくるみ」を贈る

びかけることにした。

今ではこの取り組みも進化し、赤ちゃんおくるみを受け取った親子には、次の年に生まれる赤ちゃんのおくるみの原料となる伯州綿を育てる活動(種まき、収穫)にも参加してもらうことにした。これは「ぬくもりの綿リレー」としてすっかり定着し、「市民参加型の綿栽培」としてこの伯州綿事業の象徴的な取り組みとなった。

◇伯州綿で実現する「衣の地産地消」

「食」の地産地消は全国的に数多く事例があるが、原料の栽培も行なう「衣」の地産地消の取り組みは日本全国探しても存在しないと思う。

赤ちゃんおくるみの製作は、国産和綿の太くて扱いにくい糸を高い技術力により製作してくれる国内の企業による国内製造、日本人による製作にこだわる高い品質を確保したモノづくりを展開しているニットメーカーによるものである。

おくるみの柄は、赤ちゃんの肌着によく使われる吉祥紋「麻の葉」にした。麻は、成長が早く、まっすぐに伸びていく。また尖った葉先が魔物から守ってくれるという言い伝えもある。「麻の葉」という、たいへん意味深い柄を採用しているわけである。

伯州綿栽培を支援するサポーターや、赤ちゃんおくるみを製作する企業、そしてそれをお祝いとしてプレゼントする行政、赤ちゃんを優しく包み込む保護者など、赤ちゃんおくるみを取り巻く多くの人が伯州綿でつながる。地域で生まれてくる赤ちゃんに対する温かい想いを共有し、みんなで守り、繋いできた伯州綿の復活運動。その畑から赤ちゃんへ、今も優しい贈り物を毎年届けているのである。

綿繰り

●伯州綿復活運動の広がり

この伯州綿の取り組みは、地域にも波及し、地区の小学生と一緒に綿栽培に取り組むグループも出現した。収穫した綿から製作した風呂敷を卒業記念品としてプレゼントする人たちが現れた。収穫した綿をたくさん詰め込んだ布団を製作して、学校の保健室の布団としてプレゼントしたり、綿の茎から作る和紙

伯州綿のワタガラ（綿殻）リース

トートバッグ

作りにも取り組んでいる。地域を挙げて、先人から受け継いだ伯州綿を活用することに取り組んでいる。

◇全国コットンサミットの開催

国産綿の栽培活動を広く周知するイベントをこの境港で開催すること。それが「全国コットンサミット」の招致だった。「全国コットンサミット」とは、全国各地の綿栽培関係の団体・個人や繊維関連の個人や企業が集うイベントである。

境港市は第2回の会場として全国トップクラスの栽培面積を誇る綿畑の見学、収穫体験、パネルディスカッション、全国の活動報告を通じて、全国各地の方と市民の方々と交流ができ、「綿」をキーワードとして１０００人もの人々が一日、綿に触れ合えたイベントとなった。全国に「伯州綿」を発信できた大きな成果であり、この境港市での開催によって全国コットンサミットも軌道に乗り、いまや毎年開催されるコットンサミットへの流れをつくったと自負している。現在も開催が続く各地の会場に毎年足を運び、積極的にイベントに関わり、国産綿の魅力、伯州綿栽培の素晴らしさを伝える活動に参加している。

伯州綿事業は、かつての特産作物の復活、耕作放棄地対策、雇用の創出、サポーター制度による協働活動、子育て支援策としてのおくるみプレゼント等、経済的な尺度だけで語りつくすことは難しい実にさまざまな効果を発揮し、その取り組みは広がりを見せ、進化している。

ベビーマント

ブランケット

◇伯州綿――次はどんな姿をみせてくれるだろう

国からの補助金交付はすでに終了している。栽培をスタートさせてからほぼ10年経過した今も、収穫した綿から生み出される商品を販売することで、収入を得て、次の栽培につなげ、綿畑を永続的に続けていく体制が守られている。

これからも、先人が守り、繋いできた伝統的地域資源「伯州綿」を後世に伝え、引き継いでいくために、市民の方々と一緒になって、栽培を支え、綿畑のある風景を守り、伝えていきたいと考えている。そして、最初に目標として掲げた、「一面に広がる綿畑のある風景を守り、伝えていく」という理念の下、サポーターの仲間たちと伯州綿による栽培事業が続いていくことを願っている。伯州綿を取り巻く人やモノ、次はどんな姿をみせてくれるだろう。今後も境港市での伯州綿事業の展開にご期待いただきたい。

（大道幸祐）

秋の棉畑

弓ヶ浜半島と境港市

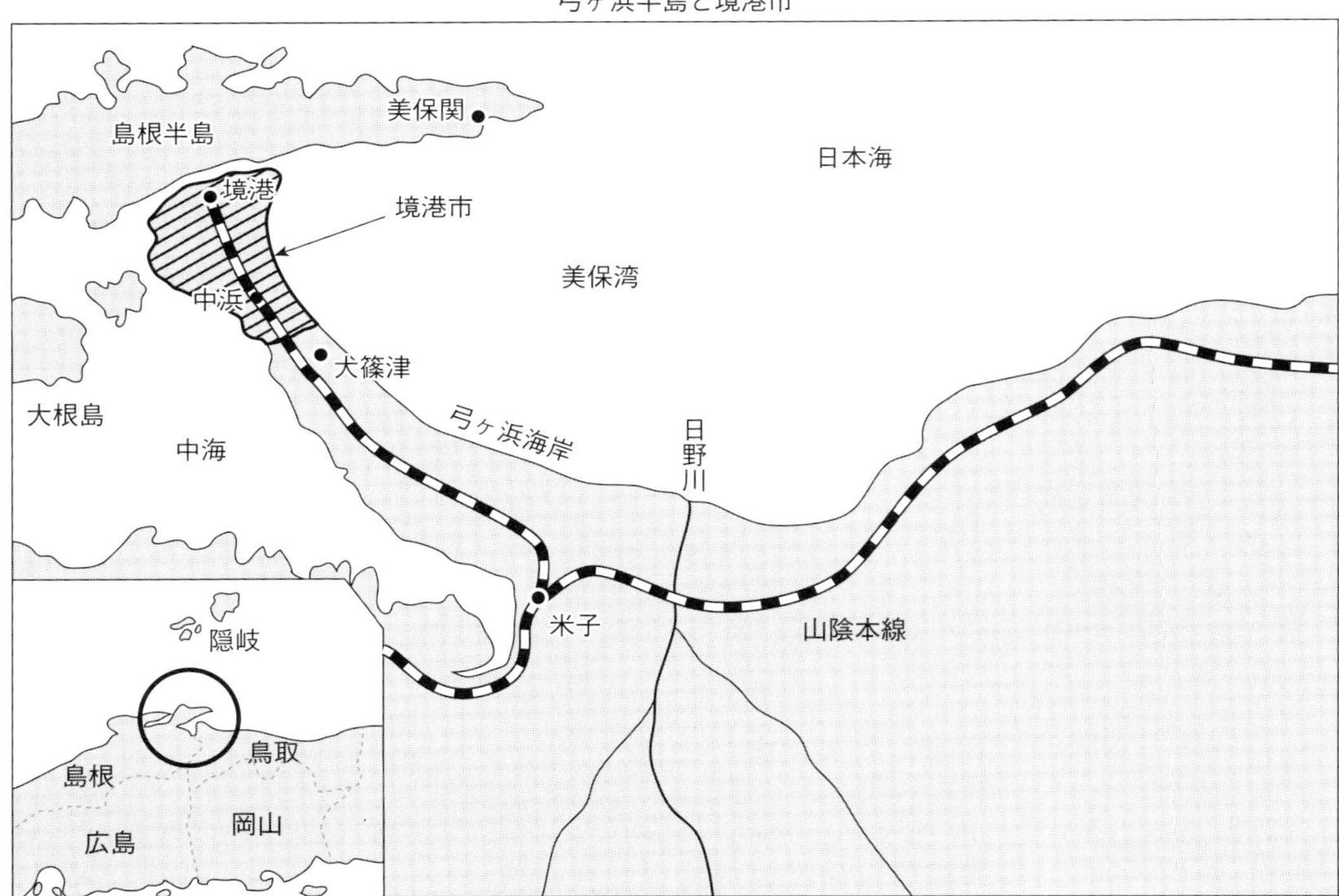

4章

ワタを栽培する

奈良広陵町でのワタ栽培

●靴下の製造小売メーカー・タビオのワタ栽培

私の所属するタビオ奈良株式会社は、日本の靴下の製造技術を維持・発展させるために、越智直正が1968年に大阪で創業したタビオ株式会社の子会社である。すべてオリジナルの靴下を企画、製造して全国のフランチャイズ店・直営店・百貨店で自ら販売するという、いわゆるSPA(製造小売)を先駆的に導入した靴下総合企業である。

タビオでは2009年に越智の年来の願いだった「自前の農場で栽培した綿花で理想の綿糸をつくり靴下を製造する」という夢を実現すべく、奈良県広陵町で耕作放棄地を引き受け、シルバー人材センターの力を借りながらオーガニックコットンの栽培に取り組んできた。もとより栽培のスペシャリストはいないが、この10年ほどワタ栽培に取り組んできた経験をふまえて、ここでその一端を紹介したいと思う。

◇3種の国内栽培棉の生育ステージ

現在国内で栽培されているワタは和綿(*Gossypium arboreum*)、アップランド綿(*Gossypium hirsutum*)、ピマ綿(*Gossypium barbadense*)の3種類である。そして、それぞれがその栽培期間・生育状況において違いがある。大きく分類すると表1のようになる。

3種類とも播種から約2か月で開花するが、結実してコットンボール(*COTTON BOLL*)となり、開絮(かいじょ)(綿の実が開くこと)するまでの期間にその違いが出てくるので、自然とその栽培方法も変わってくる。とくに西日本では、播種が早すぎると、近年の温暖化による7、8月の高温と水枯れで8月に開絮してしまうことがある。この時期に開絮すると良質なワタにはならないので、収穫時期より逆算して、少し遅らせて播種するとよい。

また、東北地方では、6月の上旬以降でないと発芽率が悪く、6月に播種をすると開花が8月以降になり、結実してコットンボールになっても、寒気により開絮しなくなったり、降雪により収穫できなくなったりするという不都合も生じる。この地域では、セルポットによる苗移植をおすすめしたい。この苗移植については後段で述べたいと思う。

次に紹介するワタ栽培は、化学肥料と除草剤・殺虫剤を使用しない栽培方法である。

表1　国内で栽培される棉の播種・開花・収穫時期

	種まき	初開花	収穫開始
和綿	5月	7月	9月
アップランド綿	5月	7月	10月
ピマ綿	5月	7月	11月

●ワタの畑作り

ワタは基本的に砂質の水はけのよい土壌が適しているが、通常の畑で初めて栽培する場合、できる限り雑草を取り除き、冬季になるまでに一度耕せばよい（秋起こし）。秋起こしはなぜ必要なのか。冬季に霜が降りると、畑の土が凍り、その凍った土が解けるときに細かく分解される。この事象を何度も繰り返すうちに、水はけのよいサラサラの土壌になるからである。秋起こしの際に、土壌改良としての腐葉土か牛糞を適量散布して耕すと、さらによくなると考えられる。また、耕した後に、周辺に溝を掘り、乾かして春季に耕しやすい状態にするのも畑作りのポイントである。

連作する場合は、収穫の終わったワタの木を除去して耕すか、またはトラクターでそのままワタの木を一緒に鋤き込んでも、春先の耕起はしやすくなる。

綿花の木を一緒に鋤きこんだ畑

霜が降りて凍った畑

◎石灰

ワタには酸性土壌はよくない。そこで、春季の耕すときに、中性の有機石灰を１０００㎡当たり１００kgの目安で散布し、中性土壌を目指す。近年、地球規模で酸性雨が降るため、毎年散布すべきである。また、米作後の田んぼで栽培する際は、酸性土壌になっているので、多めに散布する。

石灰を散布

石灰散布後、耕す

◎元肥

有機石灰散布後、元肥を施す。肥料は有機のペレット鶏糞が最適である。1000㎡当たり100〜150kgが目安だが、土壌の成分を見極めて毎年調整する。とくに前年に米作や野菜栽培を行なった畑は、肥料成分がかなり残っている場合があるので、気をつける。チッソ肥料が過多になると、ワタの茎と葉ばかりが生育して、コットンボールが少なくて小さい、品質もよくないワタになるので、注意したい。

元肥は散布後に一度鋤き込むと、分解が早くなり、効果が現われやすくなる。

◎畝作り

ワタも土台が大きければ大きいほど、大きなワタに生育する。とくに植木鉢で栽培する場合、できる限り大きな植木鉢で栽培したほうがよい。畑で栽培する場合も、畝はできる限り広く、しかも水はけをよくするために高くして作る。また、その後の諸々の作業を円滑に進めるため、畝間は最低でも50cmくらい開けたほうがよい。

大雨で浸水しても1日程度なら問題ない

◎マルチシートの敷設

播種後の草引き作業を減らし、地温を確保して発芽と生育を促し、収穫などその後の作業を円滑に進めるためには、マルチシートを張って栽培するのがよい。畝を広くするために幅135〜150cmのマルチで、また破れにく

排水路確保も有効

マルチシートなし 畝間の草引き

草引き作業にかなりの時間を費やした

くするためには厚さも0・03㎜のマルチが必要である。トラクターで元肥を散布しながら、トラクターもセットして、マルチシートを張ると作業が二度手間にならない。

●ワタの種まきから収穫まで

◎播種

ワタの発芽温度は、最低気温が12℃以上必要となり、最高気温も25℃以上であることが基本だが(最高気温25℃以下では出芽は不安定)、播種時期が早すぎると発芽率が下がる。しかも前述したように、夏場に開絮してしまい、品質も悪くなるので、播種時期を少し遅らせたほうがよい。少し遅れても、気温の上昇とともに発芽率も大幅にアップし、すくすくと生育するので、早めに播種したワタの成長に追いつくことができる。

株間は、和綿で30~50㎝、アップランド綿・ピマ綿では50~80㎝だが、それぞれの畑の生育状況によって調整する。

鶏糞を散布しながらマルチシートの敷設

種子は、1か所に3~4粒播く。こうすると、欠株を出さずに株の生育率を100%にできることと、害虫対策としても役に立つからである。また、株の中でも、間引きしやすくするためには少し間隔を空けて播くとよい。

一か所に4粒種まき

播種した後、土を1~2㎝被せる。被せる土は種子の大きさを基本にする。播種する前に長時間水に浸けると、根が出てきて、その根を播種するときに折ってしまう可能性があるので気をつける。また、水に浸けなくても、播種した後に散水すれば十分発芽する。降雨の予報があれば、その前に播種をすると散水しなくてもよい。播種して10日くらい経っても発芽しない場合は、再度播種する。

◎発芽

条件が揃えば、3~4日で発芽する。遅くとも2週間ぐらいで発芽するが、再度播種する場合には、先に発芽したものと収穫を揃えるために、早めに再度の播種をしたほうがよい。

ワタは、最初に直根の根が出て、それから芽が出てくる。発

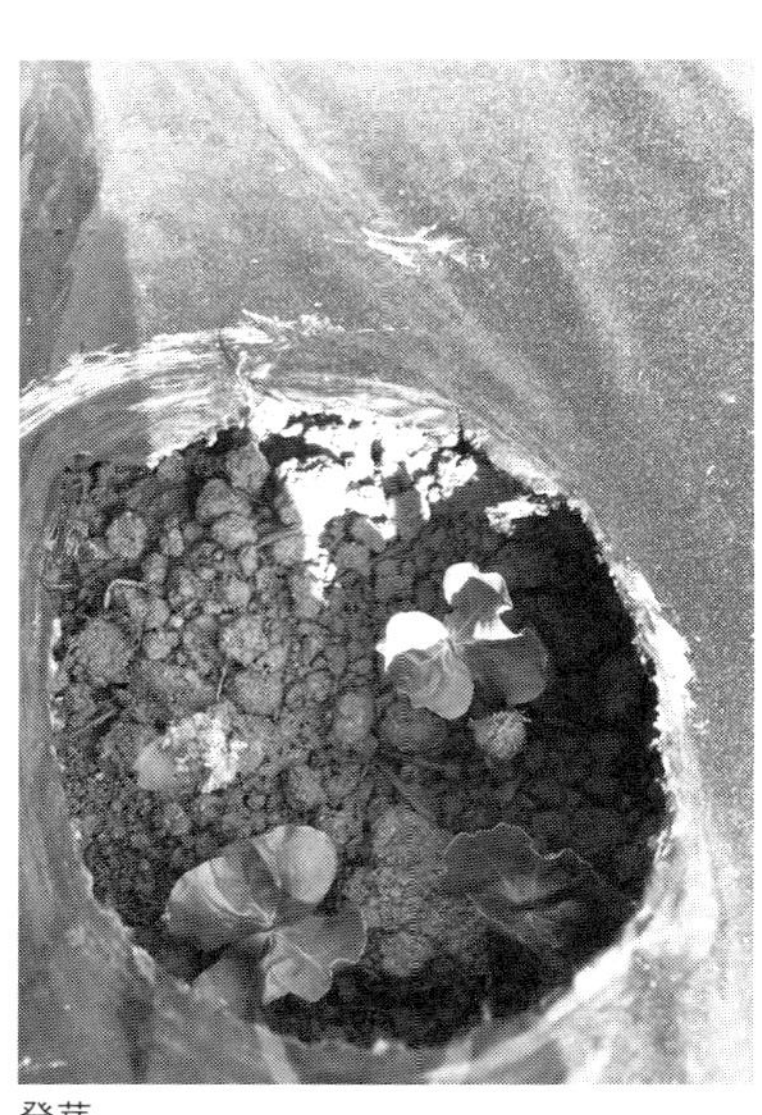

発芽

芽後、植木鉢で栽培する場合には、時々灌水をしなければならないが、畑で栽培する場合は、逆に水を与えないほうが、根が水を求めて深く伸びるため、丈夫なワタになる。

◎間引き

芽が出揃ったら、ナメクジ・ネキリムシ(根切り虫)被害の心配のない畑では、できる限り早く間引きをする。双葉のときは手で抜いても問題ないが、本葉が出てきたら、残すワタの根を動かさないために、剪定鋏で切るのがベストである。また、抜いたワタを植え替えても、直根性の植物なのでそのワタは枯れないが、以後生育はしないので注意する。

本葉が出る前に間引き

発芽して１週間ほどで本葉が出る

◎害虫対策

ワタは、発芽後約2週間で本葉が出てきて、以後3週間ぐらいはじっくりと根を張る期間である。この間はあまり上には生育しないが、この時期の害虫に最大限の注意が必要となる。

・ナメクジ

ワタが発芽した後、その新芽(双葉)を夜間に食す。翌朝にマッチ棒を刺したようになっているのがナメクジ。植木鉢で栽培する場合はある程度駆除できるが、畑で栽培する場合はその数が推測できないので、人の手で駆除するのは難しい。しかし、ナメクジは双葉は食害するが、本葉は食害し

本葉が出るまでクリアカップを被せる

ない。そこで、次のように対処する。①小規模で栽培する場合は、クリアカップの底に小さな穴をあけて、本葉が出るまで被せる。②セルポットにワタの苗を育てて、移植栽培する。

・ネキリムシ（根切り虫）

本葉が出て根を張っている時期に、夜間地中より現われ、まずその茎を食害して倒す作業だけをして、日中はその倒した茎の近くの地中に潜んでいる。そして、その夜間にまた現われ、倒した茎と葉を食害する。しかしながら、意外にもネキリムシは棲み分けをするので、基本的には1か所に1匹しかいないし、また一晩に1本しか食害しないので、駆除はこの生態を利用して次のようにするとよい。

【対策】

①3～4本発芽して1本倒されたときに、近くの土を掘り、捕獲して駆除する。残りの2～3本は無事に育つ。

ネキリムシの捕獲

②見つけられない場合、夕方4時頃から這い出してくるので、このとき捕獲する。

③全部食害されたときは、収穫時期を合わせるため、再度苗を移植する。

1本はネキリムシの被害。2本残る

④全部食害されても捕獲できないときは、ネキリムシが蛹（さなぎ）になるまで苗の移植を控える。

1晩に1本だが、放っておくと数匹のネキリムシに

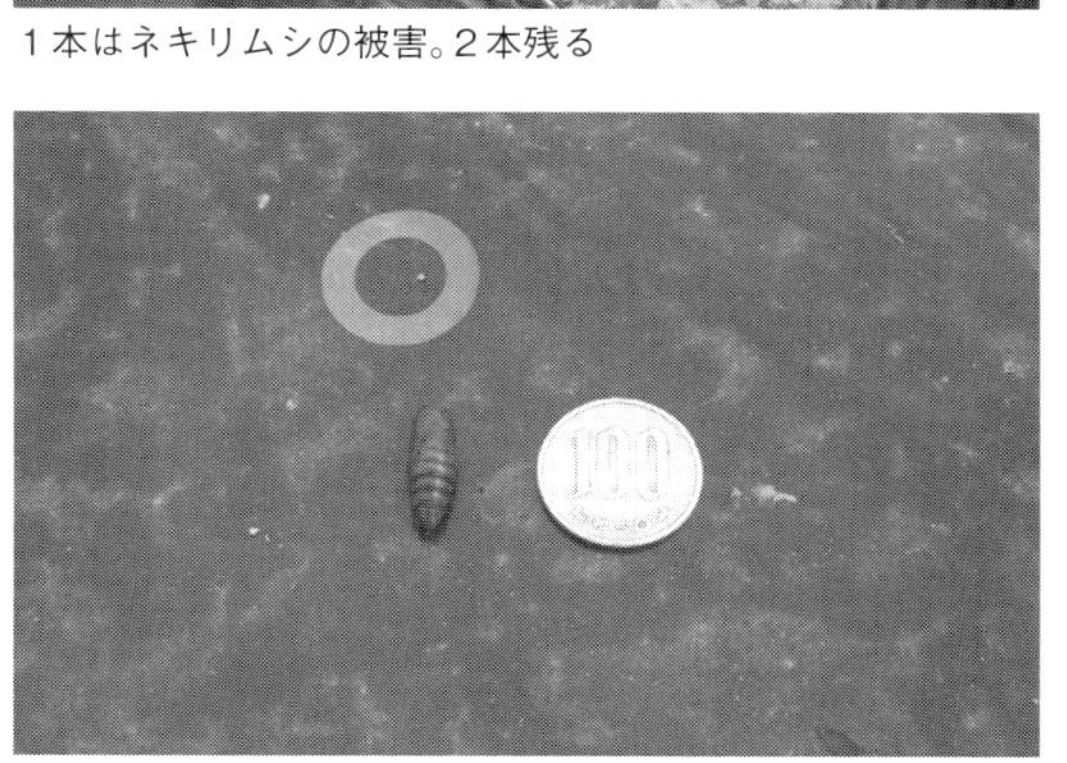

ネキリムシの蛹

ネキリムシによる被害

全滅させられるので気をつける。

・シンクイムシ(芯喰い虫)

まず、ワタの葉の芯に這入るので、葉の裏側の芯に針で空けられたような穴がある。芯の中で成長して、ワタの本体の枝・茎に侵入し、その芯を食害して、ワタが折れる原因をつくる。次のような対策をとる。

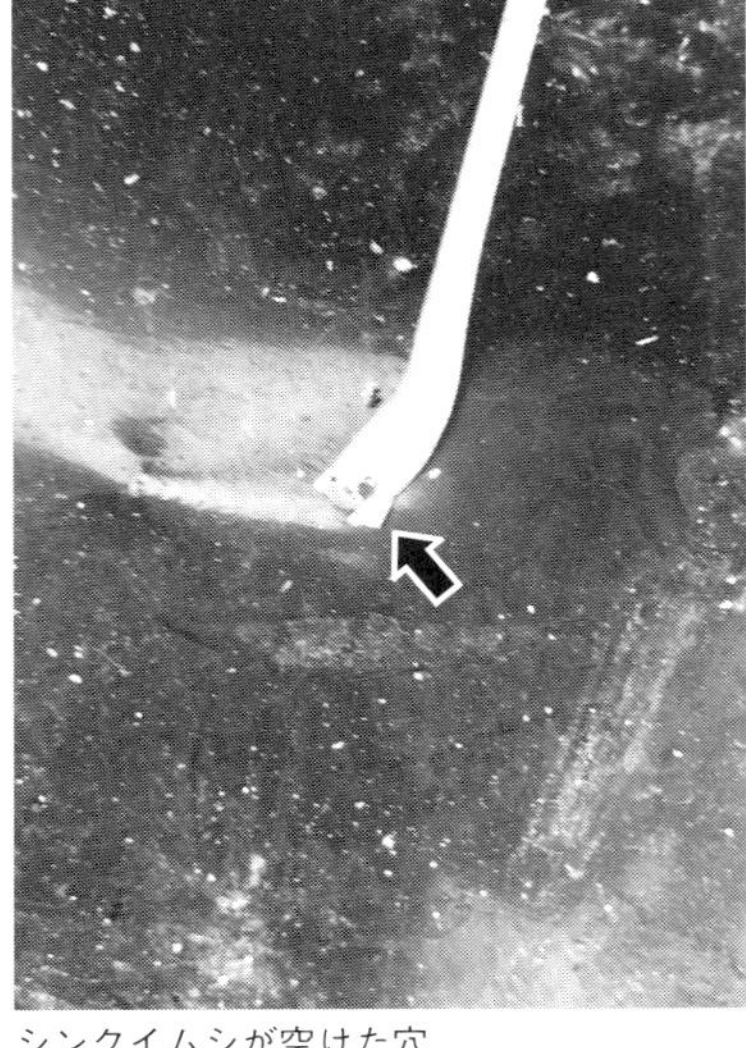
シンクイムシが空けた穴

萎れた葉

【対策】

①萎れた葉があれば、まず、その葉をちぎって駆除する。

②枝に這入られたら、枝をカットして、その枝の芯にいる虫も駆除する。

③茎に這入られたら、そこから上のワタは助からないので、茎をカットして、虫も駆除する。茎をカットしても、芽が出ていればそのワタは再び生育する。

④畝間の雑草をできる限り放置して、ワタに寄り付かないようにする。

ワタにはアオムシ以外すべ

シンクイムシによる被害

シンクイムシ(右下)とその被害

この状態でも持ち直す

ての害虫が巣食うが、生育に致命的な害を及ぼすのは前記の3種類である。他にもアブラムシ、ハマキムシなどが来て、驚くほどだが、小規模で栽培する場合は、アブラムシは水で洗い流せばよいし、大規模に栽培するときも、最初はワタにはかわいそうだが、雨が降り、暖かくなると自然に消えてしまうので、放置してもワタは蘇る。ハマキムシもクルクルと巻いている葉の部分だけ潰して、光合成を行なう部分を少しでも残しておくようにすれば、十分に結実する。

その他いろいろな害虫がやって来るが、オーガニック栽培の宿命として、多少の収量減は容認すべきだろう。また、畝間に防草シートを敷いたり、畑の見栄えをよくしたいと、頻繁に草刈りを実施すれば、害虫たちの食糧がなくなり、唯一の食糧としてワタに集中するようになるので、ワタが開花し始めるまで、生育の妨げにならない程度の雑草を残す、いわゆる共生栽培もおすすめしたい。

アブラムシ

畝間の雑草

雑草との共生栽培

ハマキムシ

◎セルポットでの苗作り

東北地方では、播種に適した時期は6月以降になる。和綿は栽培期間も短い。この栽培期間の短さをいかして、江戸時代から福島県会津盆地や山形県米沢盆地でも和綿の栽培が行なわれてきたが、夏場の気温が確保できる時期に集中していた。ところが、アップランド綿を同じ地域で栽培することになると、花は咲くがコットンボー

宮城県で５月１５日に苗移植

ルにならないとか、コットンボールになっても開絮しないという不都合が生じる。そこで、ビニールハウスで苗を育てて畑に移植する方法を採っている。作業工程は4月上旬に播種をして、5月中旬に苗移植する。

5月中旬ではまだワタ生育には充分な環境にないため、苗を移植しても地上部はまったく生育せず、見た感じでは枯れたように見える。ただ、その間しっかりと根を張っているので、6月中旬頃になればグングン生育を始め、7月中旬頃より開花し始める。そして、9月頃より開絮が始まり、10月末には収穫が可能になる。

一方、相対的に気温の高い西日本では、補植用に準備しておいた苗を遅れて移植しても、最初に定植したものと収穫時期を一緒にすることができる。

セルポットは80～１２８穴の大きさの物を用意する。

作業にあたっては、次のような点に注意する。畑では種子を横向きにバラバラッとまいてもよいが、セルポットに植える際は、種の尖がったほうを下に向けて植える。尖がったほうから根が出るので、逆に植えると根は上を向いて出てくる。横向きに植えても、かなりの確率で上に向いて出てくる。早く生育に向けた体勢をつくるにも、尖がったほうを下向きに植えることが大事である。

種は、植える前に水には浸けないで、植えた後にしっかりと

128穴のセルポットで苗作り

ハウスでの灌水

尖ったほうを下に向けて植えるが、水に浸けると根が出てくるので、根を折らないように注意する

灌水をしたほうが、よい結果が出ている。ビニールハウスで植えた後は、毎朝灌水をする。日中の灌水は厳禁である。

1か月程して、きれいに根が巻き、手で抜いても根が崩れなくなれば移植可能である。

前述したように、ワタは直根性の植物なので、種子で播いたワタより倒れやすくなるが、止むを得ない。収穫量においては、あまり差異はない。

◎草引きと土寄せ

発芽して本葉が出てくる頃には、ワタの周りに草も生えてくる。この頃の草はワタよりも生育が早いので、とくに小さい草に気をつけて、細か目に草引きをする。草が大きくなると、抜くときにワタの根を痛めるので、ワタの周りを片方の手で押さえながら抜くこと。草が大きくなり過ぎて、抜くとワタも抜けてしまうようになったら、ノコギリ鎌で、草の根をカットする。この作業は、ワタが大きく生育し、周りに草が生えてこなくなるまで続ける。

また、草引きをすると土中が一種の空洞状態になり、ワタが倒れやすくなるので、周りの土を集めて軽く抑える土寄せも、同時に行なう。

さらに、間引きする時には、小さく生えてきている草を抜く作業も同時に行なえば、後々の作業が容易になる。

この状態になれば移植可能

間引きと草引きと土寄せ

畝間の草刈り作業

草刈り終了

◎畝間の草刈り

シンクイムシ(芯くい虫)被害を最小限にするため、できる限り畝間の草刈りはしないほうがよいが、開花時期には草刈りを行なう。ワタに均等に日光が当たるようにするためである。草刈り後にシンクイムシ被害が一挙に増える時があるので、気を付ける。また、夏場の草刈りを怠ると、ワタの下のほうに花が咲かないので、しっかりと行なう。

◎摘芯

ワタの木が0・8~1mに生育した時に、木の先端をカットする摘心作業をして、枝を伸ばし、枝に結実させたほうがよい。水分・栄養が上のほうには届きにくくするのである。また、伸びてきた枝を摘芯しないこと。ワタは摘心されたその枝からさらに枝を出してきて、無駄なエネルギーを使うことになるからである。

摘芯 コットンボールと花

添え木

◎添え木

台風襲来が予定されるようなときには、倒木を防ぐために添え木を設置する。収穫時期になると、風向きも変わるので、紐で結ぶとよい。

畑の両端からロープを張り、ロープに括り付けてもよい。

両方にロープを張るのもよい

初開花 下の方から咲き始める

◎開花

本葉が出て3週間を過ぎた頃からグングン生育する。そして、播種して約2か月で開花する。開花して約1か月後にピークを迎えるので、暑い季節だが、畝間の草刈りを怠らないようにする。花は、1日目は白っぽい花が開くが、2日目には赤っぽくなり、3日目には落下してしまう。落下した後には、可愛いコットンボールの子供ができている。

花の色は1日で変わる

◎夏場の灌水

　ワタは乾燥に強く、夏場でも地中にある水分をキャッチして生き延びることができる。植木鉢で栽培する場合は土の量が少ないので、適宜灌水をしなければならないが、畑で栽培する場合は、灌水をしなくても枯れることはない。

　しかしながら、大きなコットンボールを育てようと思えば、この時期こそ灌水が必要となる。この時期は花が咲き、盛んにコットンボールに結実している頃。そしてそのコットンボールの中では、盛んに繊維長が伸びている。この時に水分が必要なのである。繊維長の長い品質のよいワタを育てたいときは、この時期の水分の補充を行なうことが大事である。

　また、近年の地球の温暖化による夏場の高温と水枯れで、ワタが8月に開絮してしまうことがある。この時期に開絮したワタは品質がよくないので、水分を補充してじっくり育てたほうが品質のよいワタが収穫できる。用排水路の整っている畑では、畝間に用水を入れて、地中から水分を与えれば十分である。この際の用水は畝のトップを越えないようにすることもポイントである。

畝間に水をいれてじっくりと育てる

◎追肥

　元肥を施して3〜4か月経つと、肥料の効能が切れて生育が止まり、開花数が減少する時期がある。そのときに追肥を行なう。開花・結実の頃なので、リンを多く含んだ魚粉などがよい。

◎開絮

　コットンボールができて、和綿では約1か月、アップランド綿は約2か月、ピマ綿は2か月以上でコットンボールが弾け、開絮が完了する。アップランド綿は1個の重さが約4〜5g、1本の木に約40個、1000㎡に600〜800本植えて、1000㎡当たり100kg以上の収穫を目指したいものである。

コットンフラワーを作るときは室内で開絮させるときれいである

アップランド綿の開絮

収穫しながら畑で綿花干し

この時期、畝間に水が溜まらないようにする

この時期、畝間の水はけをよくする。秋雨で水分があり、暖かい日が続くと開絮が遅れる。11月に霜が降り、葉が枯れて落ち、日中温暖な日が続くと、一気に開絮が進むので、開絮を急ぐときは人力で葉を落とすとよい。

◎**収穫**

収穫は午前11時頃から行なうとよい。朝も早いうちは朝露に濡れて湿っているからである。乾燥が不十分な時は畑で干しながら収穫することも可能である。

和綿は下を向いていて、開絮してすぐに落下してしまうので、随時収穫作業を行なう。アップランド綿・ピマ綿は

エプロン式の収穫袋

和綿は下を向いて蒴果する

上を向いて開絮し、意外にも雨・風に強く、落下も少ないので、1シーズンで2、3回に分けて収穫すれば効率的である。手摘みの利点を生かして、選別しながら収穫する。その際、両手が使えるようにエプロン式の収穫袋を使用すると効率がアップする。

●ワタの乾燥と保管

◎ワタ干し

ワタの繊維は、湿気を吸い込んで、放出するという素晴らしい特性がある。このため、収穫の時は乾いているように思われても、翌日には湿っているということがおこる。とくに、種子の周りは乾きにくいので、十分に乾燥させてから保管する。

天日で干す

◎ワタの種取り（綿繰り）

綿繰りは、ジニング（GINNING）とも言う。ローラー式のジニング機（ローラージン）のほうが、より繊維長の長いリント（ワタの繊維）が採れる。

この作業時に、来季用のワタの種子を確保することも忘れないこと。成績のよかった畑の種子で、固くて重い種子がよい種子といえる。ちなみに、種子の重さはアップランド綿では10粒で1g、1kgで1万粒になる。1000㎡（1反）の畑に8000本栽培するとして、1か所に4粒まくと、250〜300g必要になる、という計算である。

ローラージンで種取り

◎保管

前述したように、ワタは息をしている。したがって、密封したビニール袋での保管は厳禁である。カビ発生の原因にもなる。種子も同様である。段ボールかビニール袋に穴を開けて保管する。

●サスティナブルを目指して

「農業は毎年が1年生」という言葉がある。農業は地域の土壌・気候によって栽培の条件・方法が変わってくるし、それがまったく同様の年は絶対にないから、1年生の気持ちで切磋琢磨し

2018年 1000㎡（1反）で100kg以上収穫できるようになった宮城県名取市の綿花畑

奈良県広陵町での綿花収穫

なさい、という意味であろう。

ここでのワタ栽培は、私個人が奈良県・宮城県で経験して学んだことを記述したが、この方法が一番よいとは微塵にも思っていない。私自身もこの間、書籍やネット情報も活用してきた。もちろんそれらの情報は参考にはなったが、率直なところ、あまり役には立たなかった、というのが本当のところだ。とくにネット情報は、活用して遠回りをしてしまった経験がたくさんあった。おかげで何回もやり直しもした。失敗したと悔やんだ。しかしながら、何回もやり直しているうちに、自分なりのやり方を見つけることができた。どうにか10ａでの収穫量が１００kg程度を実現できるところまでたどりついた。ここでは、その方法を紹介しただけである。

そして現在も、前季の反省をして今季の目標を定め、奮闘努力を誓う。この繰り返しを「毎年が1年生」の気持ちで行なっているような具合だ。この一文を読まれた皆さんも、私の栽培方法をヒントにして、ぜひ自分なりにその地域の特性を生かしながらワタの栽培方法・技術を確立していただければ幸いである。

（島田淳志）

「天空の里山柳生菜園」のオーガニックコットン栽培

●いわき市と柳生菜園

◎柳生菜園の概要

私は、いわき市四倉町上柳生字城ノ腰地区の「天空の里山柳生菜園」でオーガニックコットンを栽培している。栽培している棉の品種は「備中茶綿」である。２０１８年に栽培面積は２・３反（約７００坪）となった。

棉作のほかには、水田３反でコシヒカリを栽培し、自給用に当てるほか親族や友人と栽培協力者へ分かち合い、直売所・道の駅「よつくら港」ほか契約している店やレストランへの出荷に回している。畑作は1町8反で、自給用のほか、換金直売所、分かち合い用に、それぞれ3分の1ほどを充てている。果樹は2反で、ウメ、プラム、アンズ、リンゴ、カキ、ユズ、ブルーベリーがある。

経営全体をオーガニックに切り替えるについては、だれに相談することも、目標にしたい人もなく、一人で決めた。もともと減農薬、低農薬栽培を行なっており、福島県のエコ栽培農家の認定を得ていたので、その農薬をまったく使わなくするだけのことだった。それでも切り替え時には、決意と覚悟するものがあったのもたしかである。

◎いわき市の気象

いわき市の平均気温は13・4℃で、年間降水量は１４０８・９㎜。初雪は12月～1月の時期になるが、年々降雪が少なくなっているように思う。雪は降っても積雪は5～10㎝が年に2～3回くらいで、それも陽が射せばすぐに融ける程度である。遅霜の時期は、5月中旬頃まで注意せよといわれてきたが、近年は4月下旬～5月初旬に変わってきているように思う。

◎柳生菜園の棉畑

棉の畑は、中山間地の緩斜面の段々畑のようなところにある。棉の適地の条件として、水はけの悪い土地はよくないようである。他の作物は、できるだけ連作を避けているが、棉は連作していて5年になる。今のところ、生育や収穫量が悪くなってはいない。

◎種子の入手法

私は吉田恵美子さんの「ふくしまオーガニックコットンプロジェクト」に参加して、

畑の場所

栽培を始めたので、種子は同プロジェクトから入手した。プロジェクトでは、信州大学から種子の提供を受けたと聞いている。その後は、自家採種を続けている。種の善し悪しはわからない。なるべく若いもので、初期に収穫したものを残すようにして、1kgほど確保している。種子の保管の留意点は、直射日光に当てないこと、常温保存することである。この本の読者で、種子の入手を希望する方は、私へご連絡いただければコーディネイトはしたい。

●オーガニックコットン栽培の1年

【1月／収穫が終わり、残稈処理】

1月。温暖で雪の少ないいわき市では、前年栽培した畑の片づけは新年になってからでも不都合はないし、まだ収獲すらもできる。毎年1月中旬が最後の収穫と片付けで、抜き取った木は根の部分を除き、粉砕機でチップやパウダーにして畑へ戻す。根は、燃やしたあとの灰も畑へ戻している。

収穫後は根から引き抜いて、マルチを剥ぎ、根を切り、茎葉はすべて粉砕機に、根はまとめて焼却する。根以外はすべて粉砕機にかけて畑に戻す。ちなみに、この粉砕機は、木質化するナス、モロヘイヤ、シソ、オクラなどにも使っているほか、竹を土壌改良用にパウダーにするためにも使う。数年前から始めた。

2月は荒起し。

【3月〜4月中旬／施肥と畝立て】

3月は、畑の全面に天然の牡蠣殻石灰(有機石灰)を混和して播く。石灰の施用は、最初から取り入れている。これは、棉の栽培には酸性土壌よりアルカリ性土壌が適しているとの農業試験場の指導を取り入れた結果でもある。

さらに石灰施用の2週間後から、初期生育用の「スターター肥料」として、これもプロジェクトから提供を受けた鶏糞を反当り100kg播いている。施肥は、年間通してこの1回だけ。この畝作りの際に、最初の木酢液散布も行なう。200倍に薄めた木酢液をジョロでサーッと撒いてからマルチ掛けする。木

石灰、木酢液、鶏糞

石灰を播く

畝立てのようす

酢液の蒸発分をマルチの中にこもらせるようにしている。無農薬栽培なので、木酢液をもっぱら害虫の忌避剤として使用している。

畝間140cmで、幅90cm×高さ20cmにし、マルチ掛けする。

【4月末〜5月初旬／播種。ポット育苗も並行】

4月中旬頃までに畝作りを完了させ、気温や遅霜などの予報を調べ、月末から播種を行なっている。

種子は、前年度に収穫し保存しておいたもので、一昼夜吸水させてから播く。株間60cmで直播にする。播き方は、写真のようになる。播き穴の深さは指の第1関節のところまで、およそ2cm程度。この穴を人差指と中指、薬指の3本で、3か所開けたところへ1粒ずつ播き、覆土して軽く押さえ、たっぷり灌水する。

マルチ掛け（図：名木聡子）

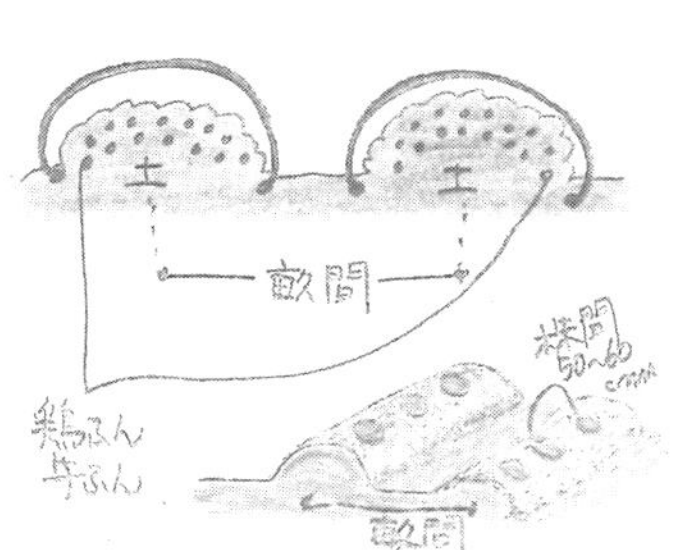

同時に欠株対策にポット播きも行なっている。ポット苗は100株ほどで、播種したポットのまま育苗し、5月中に補植する。

【5月／防草シート、カラス・ヨトウムシ対策】

5月初旬までに播種を完了させ、雑草対策の防草シート張りも並行して行なう。シートは畝間と周りの通路部分にも張り、草を押さえるようにする。播種から7〜10日ほどすると発芽してくる。

発芽後の管理は、カラス対策、ヨトウムシ対策となるが、どちらも発芽後の幼苗を食害する。カラスは苗を引き抜いてしまう。ヨトウムシは発芽

除草シート

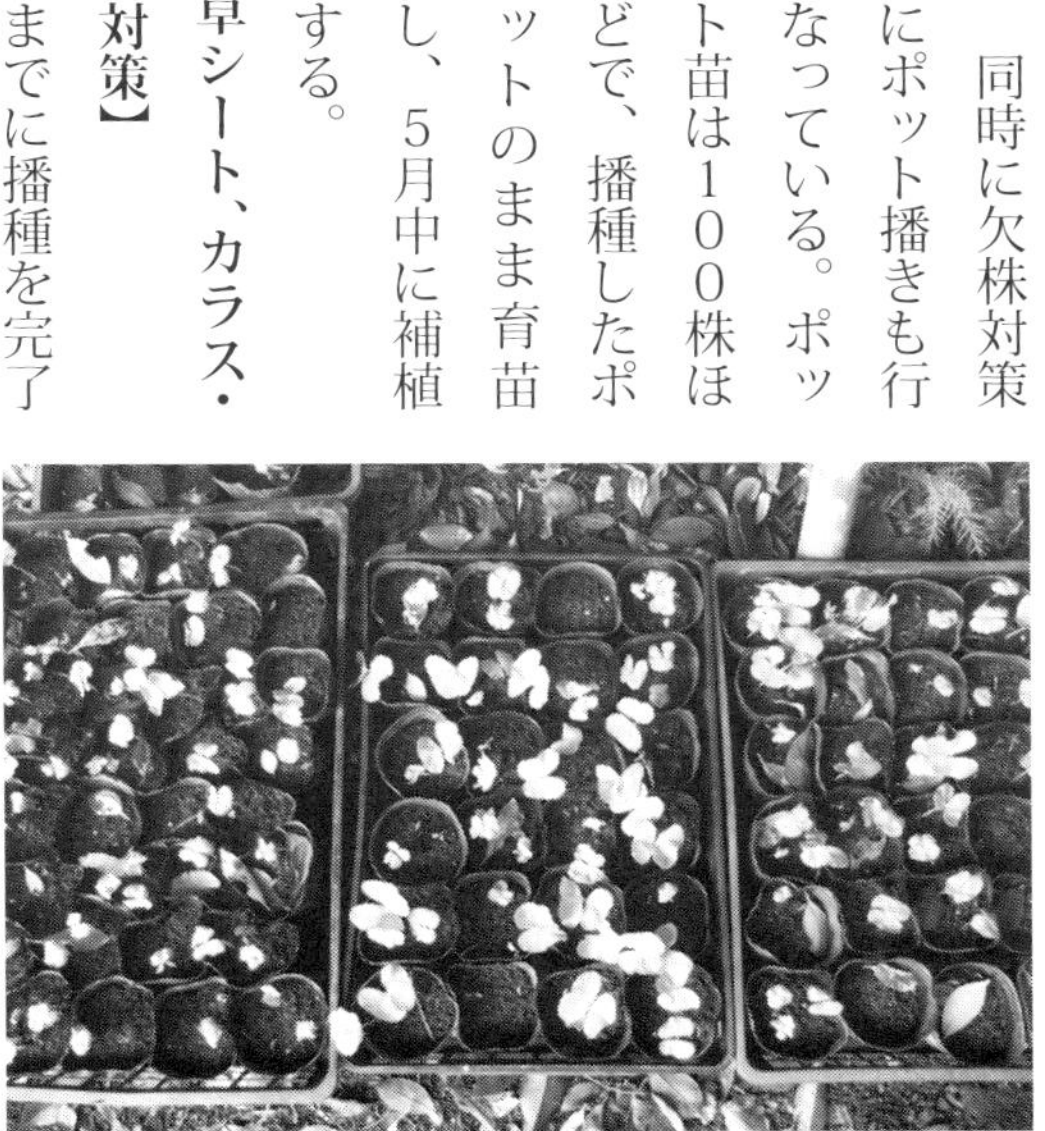

補植用のポット苗

発芽

したばかりの茎を、地際のところから喰い切ってしまうので、生育が止まってしまう。ヨトウムシは見つけ次第駆除、カラスに引き抜かれたところや発芽しなかったところには、欠株用のポット苗から補植する。

【6月中旬～／間引き、摘芯、倒伏防止対策】

中旬から生育状態を見ながら、20～30㎝に育った株を間引きする。同じように生育したものでも、比較的茎が太く元気のよい株を残すようにする。さらに、50㎝に伸びたところで摘芯する。

それから倒伏予防に40㎝の高さに紐を張る。私は、市販の支柱1・8mのものを4～5株ごとに立て、畝の端から端までバインダー紐を往復し木をはさみ、さらに木と紐を結ぶようにしている。また、シンクイムシ、ハマキムシ予防に木酢液の300倍液を散布する。

摘芯（図：名木聡子）

倒伏防止（図：名木聡子）

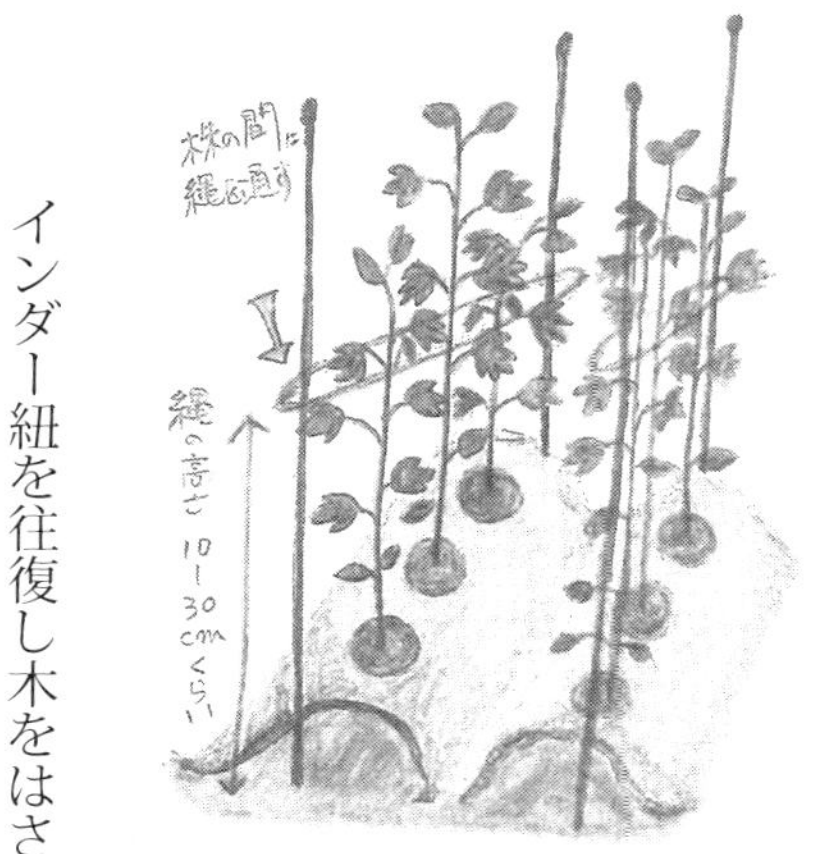

【7月／倒伏予防、側枝剪定・除草】

7月気温の上昇とともにぐんぐん大きく生育する。この時期は生育に合わせ、倒伏予防の2段目を1mの高さに紐を張る。それから横に張り出した側枝を剪定し、雑草を取るなどの作業を行なう。

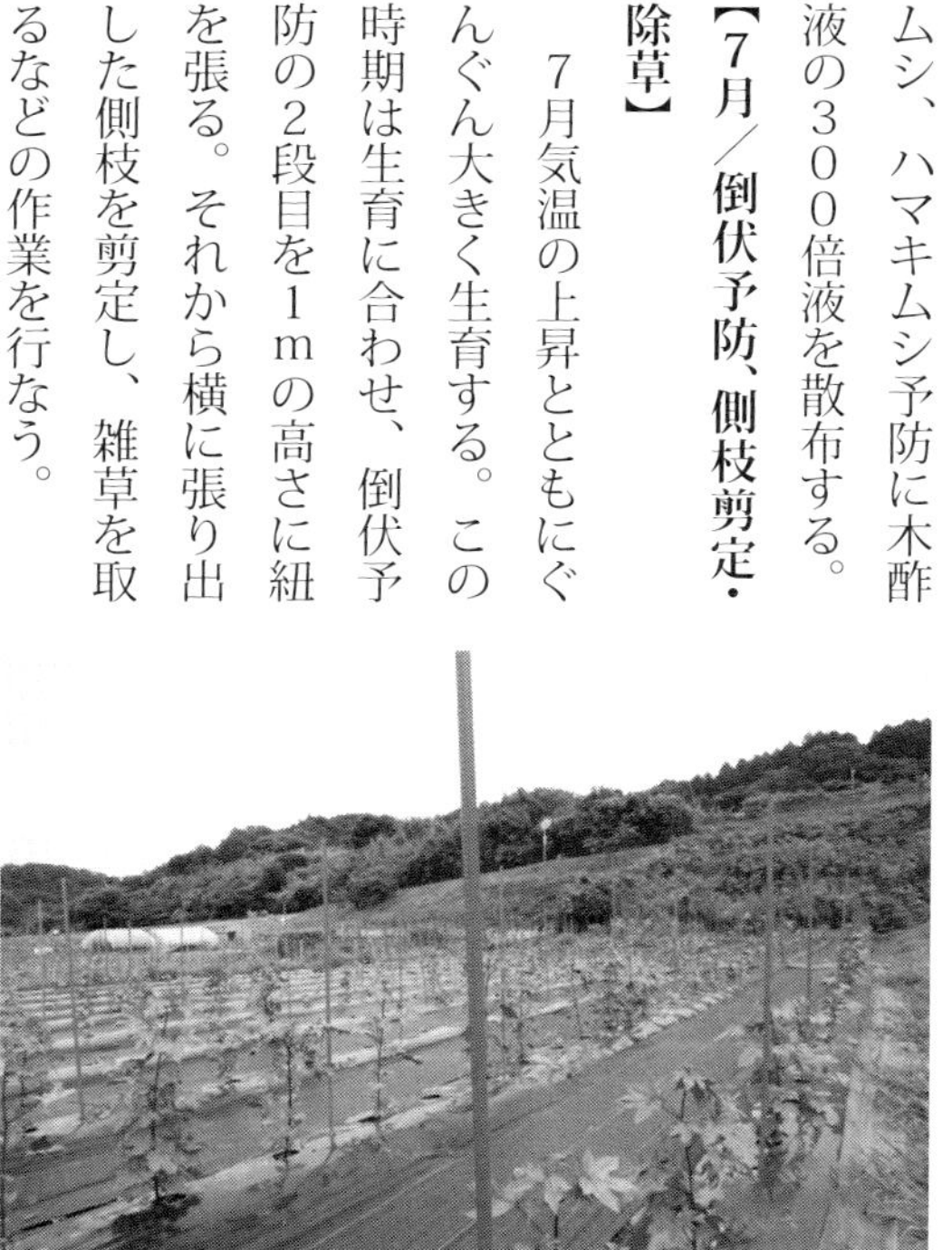
7月の生育

倒伏予防の紐張り

【7月中旬～8月／開花、結実（コットンボール）】

7月の中旬頃から、下の枝から開花が始まる。8月にも次々に花が咲き、次々に結実して棉の実のコットンボールができる。

【9月～／開絮、そして収穫の開始】

天候や気温によるが、早ければ40日でコットンボールは弾け、中から棉が出てくる。これが棉の開絮だ。棉が5㎝ほどに伸びたものから収穫が始まり、この後冬まで順次収穫が続いていく。収穫には、気温はとくに関係ないが、降雨や強風のときにはできない。畑でも棉が乾燥するように気を使う。乾燥の具合が、綿繰り作業での種子の離れを左右する。

開花と結実（コットンボール）

開花・コットンボール・開絮
（図：名木聡子）

【9月～10月、11月初旬頃まで／収穫の最盛期】

収穫の最盛期となる。その後はだんだん収穫量が少なくなるのだが、12月以降も、1月中旬の最後の収穫と畑の片づけまで、ずっと収穫は続いていく。収穫は手摘み作業で行なう。素手でやるのがよい。収穫した綿を入れる袋（レジ袋など）だけで、他に必要な道具などはない。

「備中茶綿」は、一括して収穫できない。木の下部より4か月ほどかけて順次収穫していく。手間はかかるものである。収穫のときには、その後の工程を考えて、枯葉や茎などのごみを取り除くように作業している。

（福島　裕）

収穫

コットンボール弾ける（開絮）

13年間の和綿栽培、棉の品種登録から原綿で綿製品まで

●棉栽培のポイント

私は、福島県喜多方市で和棉を栽培して13年になる。和綿はイネなどに比べ、環境や気候の影響を受けやすく、年により収量の変動も激しい。私は毎年、繊維重で反収20kg（種子を除いたいわゆる原綿は、タネ付き棉の重量の約3割）を目標にしているが、2012年は4・5kgであった。今までで一番多い年でも17kgだったので、増収はなかなかに難しい。農業経営を考えた時には、棉のなかでもタイプの違う複数の品種を栽培し、リスクに備えるべきだと考えている。また、品種も千葉県以北に適合するものをつくるようにしている。

福島県の会津地方では、春の到来が遅く、また冬の降雪のため栽培期間が短い。雪が降れば収穫は難しい。たとえ開花したとしても、40日後に畑が雪のなかでは収穫はむりだから、開花数は多くてもすべてが開絮・収穫に至るわけではない。播種から収穫までの栽培暦は表2の通りである。

表2　作業暦

時期	作業
4月下旬～ 5月上旬	肥料散布、耕耘、ウネ立て、マルチ張り
5月上旬～下旬	播種
6月上旬～ 7月	除草
7月中旬～	開花が始まる
8月初旬	芯止め
9月初旬～	雪が降るまで収穫、天日干し、綿繰り

【種の入手】

2001年、知人から、信州大学に保存されていた棉の種子（会津在来種系統）を譲り受けた。家の畑に200本程度、面積にして150㎡（1・5a）の栽培を始めた。

棉は育ってくると、花が咲き、その花が終わると緑色のコットンボールをつける。それが弾け（開絮）、棉の繊維が現われる。作ってみると面白い植物であった。

それ以来、棉について調べながら栽培を続け、2014年に

棉の花

コットンボール

コットンボールが弾ける(開絮)

はもともと水田だった圃場36aで棉を作るまでになった。同時に、会津在来種の改良を試み、地綿の品種を保存してきた。その結果、今では品種登録申請中の品種を含め11品種の和綿を栽培している。

私がこだわったのは、洋綿ではなく和綿。最近は、アジア綿が和綿と呼ばれているようだ。日本では江戸時代に普及し、多くの産地ができ、会津盆地は栽培の北限地である。

和綿はもともと日本で栽培されてきた棉であり、洋綿に比べて育てやすい。しかし現在、外国で大量生産された輸入綿がほとんどである。和綿は、繊維が強くて短く、弾力性がある。そこを私は評価している。

【畝立て、マルチ張り】

畝幅は135cm、高さ15cm。株間50cm、条間60cmの二条植え(ちどり)にしている。排水をよくするため、なるべく高畝がよい。除草や収穫時の棉の汚れを防ぐためマルチを張る。

【播種】

マルチ穴に2粒ずつ播種。梅雨までには、本葉が3枚くらいまでは大きくしたいので、5月中に播種を終わらせる。生育初期の棉は弱い。梅雨に入ると育ちが悪くなる。苗を作って移植するほうが初期生育は確実である。

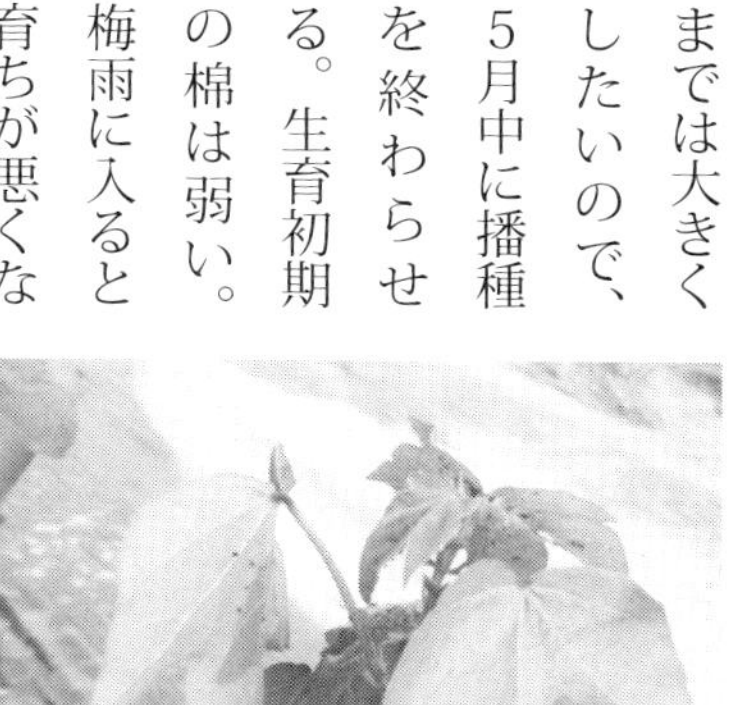
6月下旬の棉の姿。このころになると安定してくるので放ったらかしでも大丈夫

【除草】

本葉3枚の時期を過ぎれば、開花するまで放ったらかしでいい。追肥も防除も一切しない。ただ、畝間と植え穴の草取りは、気がついたときに行なう。私は栽培期間中3～4回、手で除草する。また、土が乾いたときには水をやる。

【開花、開絮】

開花から開絮までは約40日間。開絮は樹の下から始まる。完全に開絮するのにしばらく時間がかかるので、よくできたものから収穫。雨で棉の質が悪くなったり、風で綿が落ちたりするので、なるべく早く収穫する。私は品種ごとに3～4回ずつ収穫する。時期を分けて収穫することをすすめたい。

【芯止め】

盆の頃に芯止め。棉は栄養生長および生殖生長が同時進行す

るため、芯止めしないと実に十分な栄養がいかない。

【収穫・乾燥・種子採取】

9月初旬になると収穫が始まる。収穫した綿は2～3日天日干しして水分をとばす。その後、タネと綿を分ける綿繰りをする。このとき、最初に収穫する充実したタネを翌年の種子とするのが棉栽培の重要なポイントである。

収穫期の棉

収穫中の畑

●綿糸を紡ぐ

綿繰り作業をした後、商品としての綿(原綿)ができる。私は、綿を使ったモノづくりを2012年から始めた。しかし商品作りにはいくつか課題があった。

◎綿繰り作業の効率化―電動綿繰り機の導入

綿繰りには、木製のローラー式綿繰り機が市販されているが、この手動による綿繰り機を使っても、種子を分離したいわゆる「原綿」1kgを得るのに、圃場での作業時間を上回る大変な作業であることがはっきりした。

自動綿繰り機(大阪の竹内製作所から導入。戦前の日本製)

そこで2013年、関係者の協力を得て、福島県の補助金(6次産業化支援事業)を利用し、大阪の竹内製作所から電動綿繰り機を導入した。この機械は戦前の日本で製造されてタイに輸出され現地で使われていたものを、逆輸入して国内に引き取っていたもの。おかげで1kg分の綿繰り作業

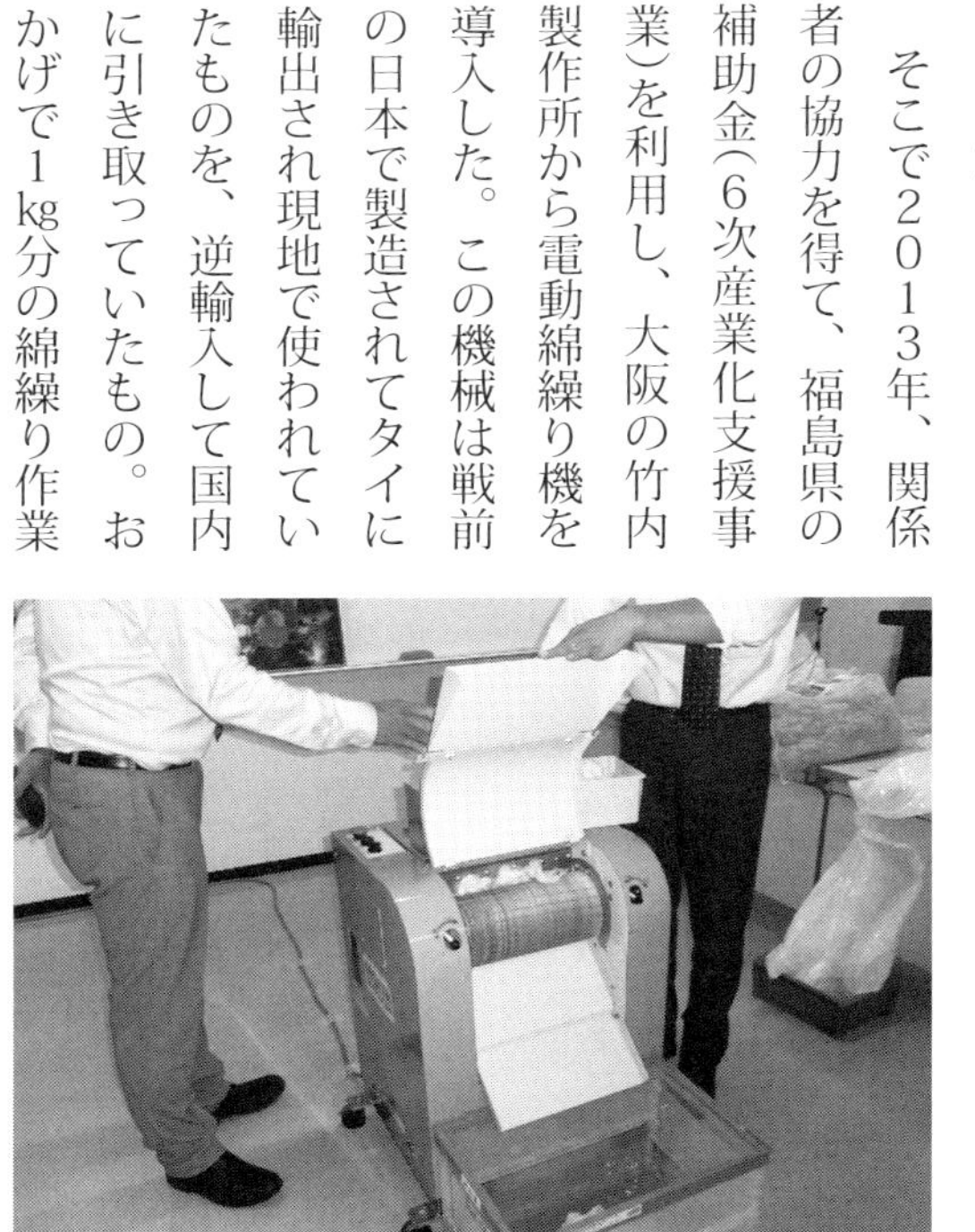
オークラ工業製の自動綿繰り機「ジンニングマシンOKJIM-01」

が、わずか6分間でできて、大幅な時間短縮が可能となった。このことは棉栽培において特筆すべきことと考える。「綿を作ったが、衣料品などにならず収穫したまま」の事例が多いからである。

２０１８年の全国コットンサミットでは、戦後初の国産ジンニングマシン(電動綿繰り機)を兵庫県加古川市のオークラ工業が開発し展示していた。その能力は、家庭用電源の交流１００Vを利用でき、1時間に約6kgの原綿生産が可能であるとされる。

◎和棉の紡績―糸紡ぎの効率化

次に問題だったのは、原綿を糸にする紡績(機械)工程である。先にも述べたが、和綿は洋綿とは植物学的に異なり、綿の性状も異なる。和棉(アジア綿)と輸入綿(ケブカ綿あるいはペルー綿)との性状を比較したものを表3にした。繊維が短くて粗く、しかも機械紡績をするには収量が少ないため、糸にしてくれる工場が見つからなかった。

この問題は、紡績会社の秋田小金が和綿の紡績をしてくれたことにより、糸を作ることができた。今では綿を糸にする紡績工程をお願いしている。２０１３年には、白い綿より繊維が短くて柔らかいとされる茶綿の糸もできた。

茶綿の紡績糸(秋田小金製)

表3　綿の性状比較事例

棉の種類	アジアワタ		輸入綿 (ケブカワタ、ペルーワタ等)
品種名と繊維の色	十九士	十九士 十九士-朱雀	白
	白	茶	
繊維の長さ (単位:インチ)	0.915	0.761	繊維長により５段階に区分 短繊維綿　13／16　未満 中繊維綿　13/16～1 中長繊維綿　1-1/32～1-3/32 以下省略
繊維の強さ(gf/tex)	28.8	26.8	27～40の範囲
繊維の細かさ	7.57	5.7	ほとんどが４．７以下

注:High Volume Instruments（HVI)データ等より作成

●綿、糸、布それぞれで商品作り

会津には昔から続く手織り技術、型染め技術などがあった。できた糸はこうした地元の技術を生かして、衣料品などの綿製品にしようと心がけた。改めて周りを見渡せば、技術をもつ職人たちの存在に気づき、和棉を介しての連携に道が開けた。これにも福島県の「6次産業化支援事業」を活用することができた。

さらには、布団屋などの地元企業とも協力し、綿、糸、布それぞれで商品作りをしてきた。

これからの課題としては、棉栽培・綿製品の製作において、技術の確立とパワーアップを考えている。栽培面積が36aで収穫される綿の量はわずかであるが、今後、さらに展開したいと考えている。ぜひ、会津の綿を使った製品で和綿を試していただき、さらなる品質向上への指導、鞭撻をお願いしたい。

（大竹典和）

型染めの作品・ストール

型染めの作品・ランチョンマット

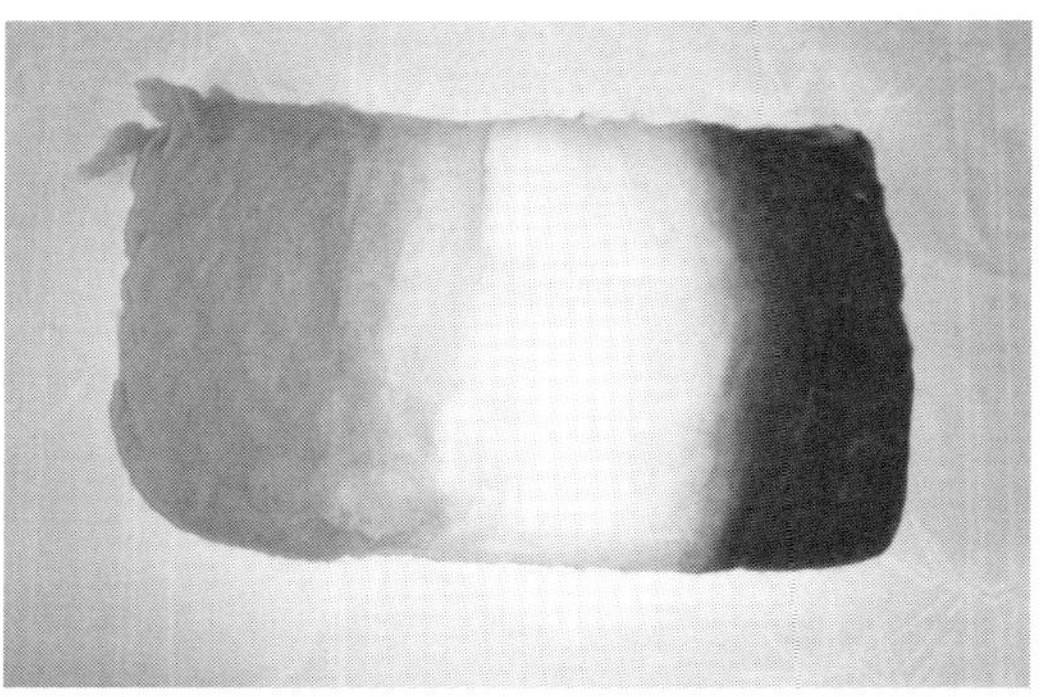

カード綿

●連携してきた技術者・企業の問合せ先

連携先	連携した業務内容	電話	住所
染織工房　れんが	型染め	0241-23-1424	福島県喜多方市字一丁目4536
秋田小金株式会社	和棉の機械紡績請負	0183-73-0682	秋田県湯沢市成沢中ノ沢2-31
オークラ工業株式会社	自動綿繰り機の製造販売	079-422-0217	兵庫県加古川市尾上町養田1378
わたや佐藤	カード綿製造	0241-27-4235	福島県河沼郡湯川村大字浜崎字水上1409-6

5章

ワタが布になるまで

真岡と真岡木綿

●歴史のなかの真岡木綿

◎真岡木綿の登場

関東地方は、利根川、思川、鬼怒川、小貝川などの川沿いに砂質土壌地帯が広がっている。この砂質土壌をいかして、これらの地域では江戸時代に綿花栽培が盛んだった。真岡は宇都宮の東南15㎞ほどに位置し、南は茨城県の結城、その隣の栃木県小山へ至り、東は茨城県笠間から水戸に通じている。真岡で晒木綿の産業が発達すると、その売買は、綿花生産者→小仲買→仲買→買次→問屋という流通経路で取引された。

真岡木綿保存振興会が2001(平成13)年にまとめた『真岡木綿復活15年のあゆみ』によれば、江戸時代の呉服問屋「柏屋」江戸店から京都本店への年々の報告書類である「諸国買高」と題された文書に、真岡木綿が登場するのは1717(享保2)年であるという。現在真岡市内となる久下田(くげた)は、江戸時代中期の18世紀半ばには白木綿の生産でよく知られ、「久下田白木綿」として相当な売れ行きを示していたという。ところが、久下田の木綿問屋が18世紀後半の明和年間に倒産すると、当時の真岡の豪商塚田・小宅の両者がこれを引き継ぎ、いつしか久下田木綿は「真岡木綿」として、江戸府中はもとより京、大坂にも知られるようになる。

江戸中期以降、日本の木綿生産が全盛期に入ると、原料綿は繰綿(くりわた)や綛綿(かせわた)などの形態でも広く流通し、それぞれの工程別に専門化した地域ができてくる。専門分化してくると、棉を栽培しない農家でも、繰綿や綛綿の段階の原料を織元からの貸付を受け、木綿織をすることができた。こうして織元や流通にかかわる関東一円の商人が、共に掲げるブランドが当時の関東では、「真岡木綿」だったようだ。

◎真岡晒の技術

18世紀後半から知られるようになる「真岡木綿」は、居座機(いざりばた)で織りあげた晒木綿であった。当時、布を晒して漂白する技術では、奈良晒、越後上布、松阪木綿などと並んで、よく知られていたのが真岡木綿だった。「真岡晒」の技術はどのようなものだったのか。真岡市史の編纂にかかわった歴史研究者の永原慶二氏によれば、明治初年の勧業博覧会への出品に際しての説明書には、次のように記されているという。

「織り上げた白木綿を受け取った晒職人は、これを臼に入れ、水に浸して杵で搗(つ)き、糸に付けられた糊を落とす。それを川に浸けてよく振るい洗いして干し上げ、砧(きぬた)で打ち上げる。これを『水振り木綿』というが、さらにそれを、石灰を溶かした清水の中に浸け、そのうえでまた杵で搗き、搗きあげると干し、また石灰水に浸けて杵で搗くという手順を、40～50日も繰り返すのである。そして最後に清水だけで杵つきを行ない、石灰分を完全に抜き去る作業を数回繰り返し、また流水のなかで振るい洗いして干し上げる。この作業工程は約60日から多いときは100日近くも要するというから、織布工程よりもはるかに日数と手間のかかるものである」

記録は明治初年のであるから、技術的に江戸時代のそれとみなしてほぼ間違いはないと思われる。永原氏はこれを評して、「晒工程が木綿では独立して営業されるのは、このように晒工程が特殊な技術と集中的な労働を必要とし、家内労働で織布を行なっている農家では、そこまで自分の手もとで行なうことができなかったからである」としている。木綿の栽培の広がりと綿製品の流通は社会の分業化を進め、農家を含めて商品経済を浸透させ、江戸時代の社会経済を大きく転換していくモメントになっていった。

◎江戸後期～戦後――全盛期から消滅

18世紀末の真岡には、渋川屋と塚田屋という2軒の問屋があったというが、19世紀に入ると真岡での生産はさらに拡大し、最盛期で年間38万反の生産量があったという。その後、江戸幕府による開国を経て、輸入綿糸が増えるとともにこの輸入綿を使った綿製品が増えていく。「岡木綿」という真岡木綿と紛らわしい名の製品が名古屋方面で登場し、真岡木綿と似た風合いだったこともあって、次第にこれに市場を奪われるなかで、真岡木綿の生産量は1872(明治5)年頃には4万反、さらに81年に1万5000万反にまで落ち込み、その後回復することなく、とうとう戦後に至って途絶えてしまうのである。

●真岡木綿保存振興会事業の歩み

◎真岡木綿復活振興会の発足

戦後は、真岡木綿復活の動きが2度ほどあったようだが立ち消えとなり、復活事業として本格的に取り組まれたのは、1986(昭和61)年の真岡木綿保存振興会(会長・小倉執)の発足からである。会の発足以前に真岡市商工会議所では、真岡市の特産品開発を進め、物産品開発特別調査委員会などを組織して視察研修などを続けていた。たまたま「松阪木綿復活」の話を耳にして、現地視察などを行なうなか、これまでの委員会活動を総括し「真岡木綿復活事業」としてまとめ、提言した。この報告を受けた商工会議所は、役員をはじめ議員、ロータリークラブ会員

真岡木綿会館

などに働きかけ、その結果発足したのが、先の「真岡木綿保存振興会」である。

保存振興会では、真岡木綿の機織り経験者を募集し、指導者養成講座を開設して後継者の育成に当たるとともに、技術者制度を創設して資格認定をスタートさせた。県内マスコミでの報道とともに、真岡の地元はもちろん宇都宮市内の百貨店での催事販売を定着化させるなど普及に努めた。

87年には、真岡木綿工房を常陽銀行真岡支店の2階に開設し、近藤節子講師の指導による機織り技術者養成講習会では、織姫1期生の11人の技術者が誕生した。工房は翌88年には商工会議所内に常設となり、各地の物産展や展示即売会に参加。この年には栃木県の「伝統工芸品」にも指定された。

◎平成時代の活動

平成に入ってからは、ビデオ製作や真岡市の切り絵作家中村実の切り絵による真岡木綿ロゴの製作、「真岡木綿の女」などの歌謡曲製作、真岡木綿の織物による新作の発表会やファッションショーなどに取り組んだ。

工芸技術の上でも、奄美大島の大島紬組合との交流のほかに、「真岡染め」として「落花生染め」や栃木県産物のカンピョウの原料となるユウガオによる「夕顔染め」などに挑戦して、染めの分野でも新境地を開拓した。現在は真岡の特産イチゴ「とちおとめ」によるイチゴ染めに挑んでいる。

真岡木綿会館では、一人ひとりの技術と真岡木綿織に対する思いを高めることを主眼に置いているので、ワタ栽培から収穫、綿繰りから織り上げるまで、すべて最後まで自分の作業として通してかかわる態勢で運営している。分業制は結果としての成果物を効率的に生産するには向いているかもしれないが、そうした道をとっていない。たしかに年間に5反分の反物を織るのが限度で、初めての人は年間で2反分の反物を目標にしている。真岡木綿を引き継ぐには、こうした織物に対する思いを引き継ぐ人を育てることが要になるとの認識があるからである。

切り絵作家中村実による真岡木綿のロゴマーク

棉から繊維をとって糸にする

●棉の収穫（綿花の摘み取り）

◎ワタ摘み作業

摘み取り作業は、早い年では9月半ばから始める。通常は9月末から10月の初め頃になる。そのあとは霜が降りる11月末くらいまで収穫は続く。

収穫作業に使う袋は紙の袋で口の広がっているものが扱いやすい。一般の方にも綿作り体験として参加してもらうようになった。紙袋は簡便で扱いやすい。

ワタ摘み作業

棉の品種は、真岡で栽培されていたものを分けてもらったのが最初。詳細は不明だが、在来の和棉と思われる。その種子をもとにして栽培を続け、20数年自家採種で取り組んでいる。

棉はタテ根が伸びる植物（木）なので、土が固いと収量は落ちる。栽培する畑の条件としては、水はけがよく、土が軟らかいところが適地といえる。近くの公園で落ち葉堆肥を作るので、これを分けてもらうほか、購入したりなどして、堆肥も少量だが投入するようにしている。

今栽培している畑は、6年前から借りているもので、前作はサツマイモの畑だったようである。それまで借りていた畑はなかなか収量が上がらない場所だった。前の畑から通り一つ隔てたところにあるのだが、ワタの収穫量は多いように思う。

◎摘み取ったワタの乾燥と保存

収穫した綿は木綿会館に持ち込み、ネットを張った木の枠に入れて1週間ほど乾燥させる。そのあとネットの袋に入れてさ

2018年に収穫したワタ

保管中のワタのようす

らに乾燥保管する。前ページの写真は2018年に収穫したワタ。トータルで150kgの綿を収穫した。

●綿繰りと綿打ち

綿布1反を織るのに必要なワタ(種を除いたもの)は、経糸分が700g、緯糸分が600gで、合計1300g(1・3kg)となる。種を含む原綿の重さの7~8割が種子の重さなので、ワタ繊維の歩留りは20~30%となる。

ワタが乾ききっていないと種切れが悪く、種のまわりに繊維が残っている。乾燥が十分な場合は、綿繰り機に通して種がポトポト手前に落ちるが、湿ったワタだと種切れが悪い。原綿には湿り気が影響するので、その日の湿度にも左右される。つまり、原綿の乾燥具合、作業をする場所の湿度によって効率は変わるといえる。

綿繰り前の実綿(左)と綿繰りして種を除いた綿。中央奥は綿繰りで取り出した種子

綿切りロクロ

綿繰り作業

種子(左)と原綿。種の重さは全体の7～8割になる

左から綿繰り前、綿繰り後のワタと種子、綿打ち後、カーディング後、じんき

◎じんきを作る

綿打ちは、種を除いた繊維を手でほぐしフワフワにすることで、糸を引きやすくするために行なう。ほぐしてフワフワにするとい

ワタの繊維がほぐれた状態。これを「じんき」と呼んでいる

弓による綿打ち（写真：柳生菜園）

うのは、ワタの繊維をほぐすことである。現在の真岡木綿では、綿打ち作業は外注している。

綿打ちした綿を、手のひらに収まるサイズに小さく円筒形に丸める。この丸めたものを「じんき」（軒木）または「篠巻（しのまき）」と呼んでいる。「じんき」の端から繊維を引き出し、撚りをかけて巻き取るのが次の糸紡ぎの工程になる。綿打ちされたワタは、繊維がほぐれて、糸紡ぎの糸が引き出しやすい。これで糸紡ぎにかかる。かつては弓を使って綿打ちをしていた。

◎手で行なうカーディング＝綿打ち

手作業で綿をほぐす場合は、カーダーを利用する。カーダーはもともと羊毛に使われるもので太く長い羊毛繊維を想定して作られていたものだが、木綿用も作られている。木綿は繊維が短く、細いので、カーダーの針も細いものを利用。カーダーで梳（くしけず）った繊維を、平らな長方形に伸ばして広げ、手に収まるサイズの「じんき」を作る。

カーダーの3分の1にワタを取り、カーダーの反りにそってワ

綿打ちに使うカーダー

カーダーによる綿打ち

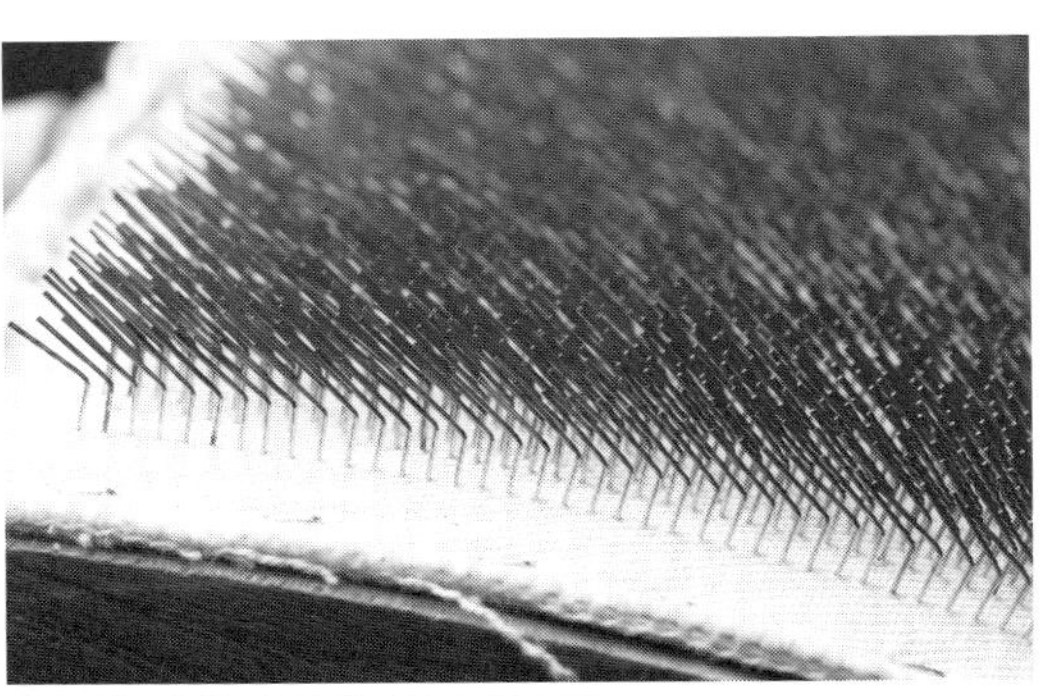

カーダーの針。羊毛用よりも細く短い

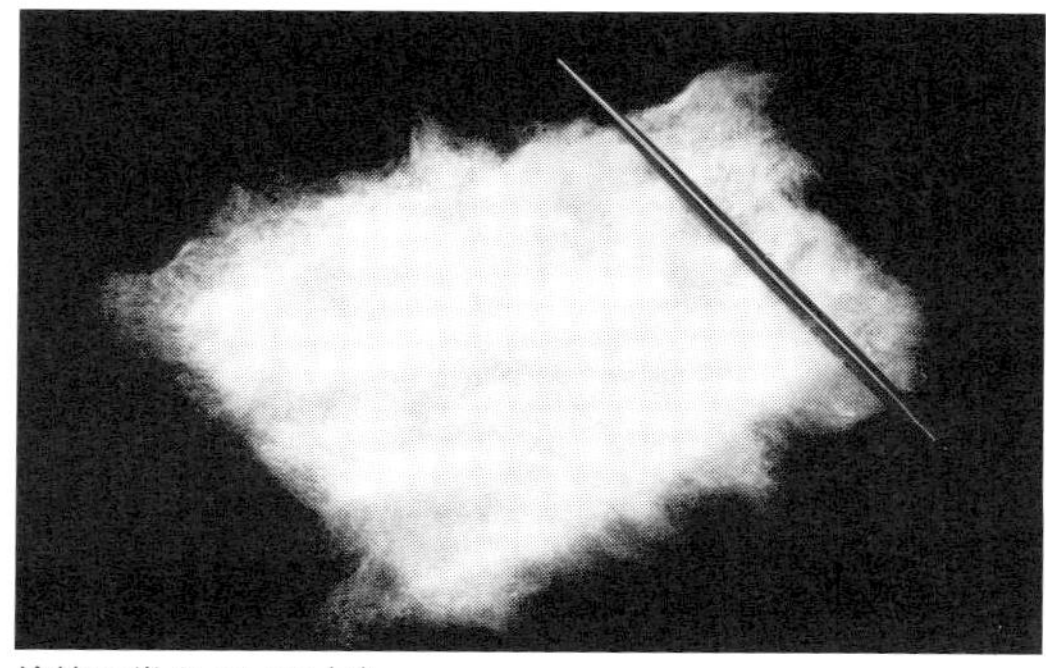

塗箸に巻きつける(1)

ほぐされたワタ

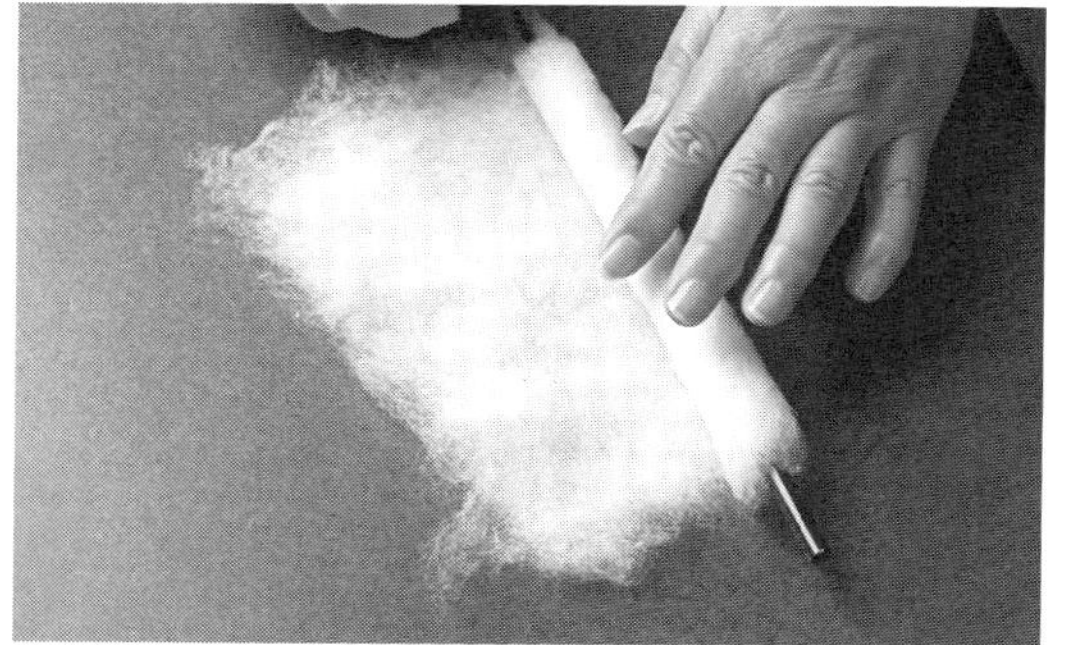

塗箸に巻きつける(2)

カーダーをかけた綿を長方形に広げて「じんき」を作る

タの繊維を梳ってほぐす。「じんき」は、1升枡底サイズの綿を1本分として巻き取っていた。

●綿を紡ぐ

◎糸車の構造

糸車と、ツムを回すコロとをつなぐ糸を随糸(ずいと)と呼んでいる。糸車には回すための取っ手はないが、回すために添える指をあてる軸だけは向きを変えて作られている。

ツムに差し込んで使うワラシベは根元から二節目までを切り、中を抜いたものを使っているが、抜いた中身は糸紡ぎが終わったら糸の巻かれた紡ぎ玉に差し戻す。中身を入れておかな

糸車。作業者の側へやや傾く仕掛け

糸を巻き取る鉄の針がついた「ツム」。ツムに付けられたコロが随糸によって糸車につながっている

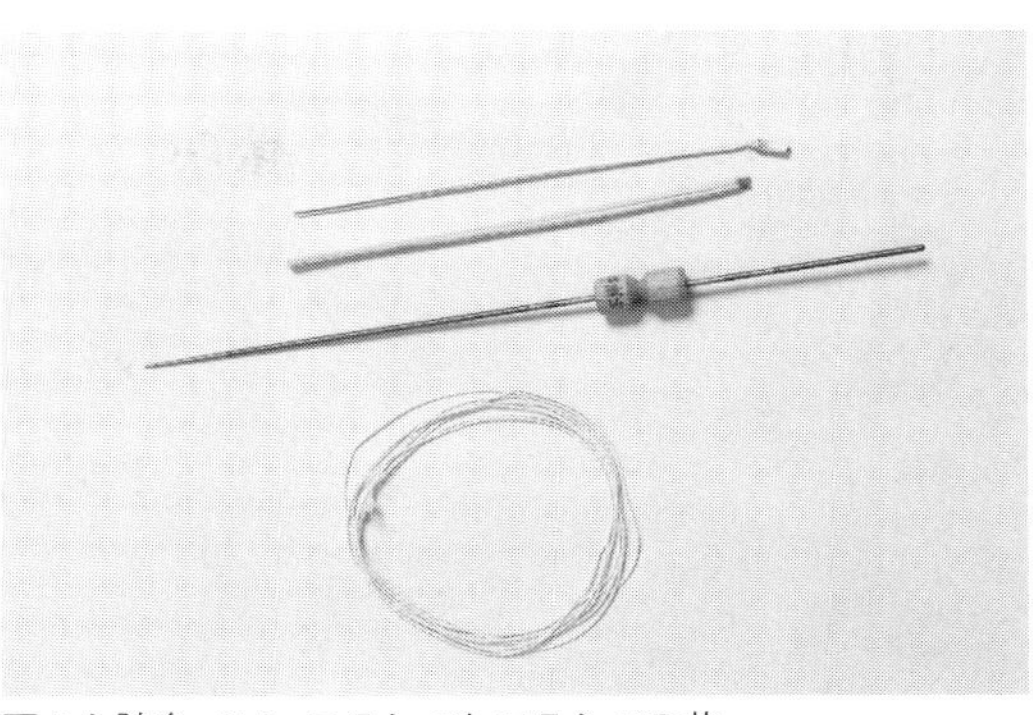
下から随糸、ツム、ワラシベとワラシベの芯

糸車の取っ手部分。指で回しやすいようにやや幅のある材が向きを変えて取り付けられている

◎糸紡ぎ

右手に「じんき」を持ち、「じんき」の端から繊維を引き出す。これをツムの先のワラシベに巻きつけていく。引き出した繊維に撚りをかけて強くしながら、ツムに巻き取る。

「じんき」をにぎる左手も、糸車を回す右手も、体の脇につけるようにして作業する。糸車とツムをつなぐ線に対して45度の位置に座るようにする。

うまく撚れている間は、糸が切れることはないものだ。糸を引くタイミングと、糸車を回すタイミングが合うことが大事。タイミングが合わなかったり、糸車をゆっくり回したりすると糸は太くなる。太くないと、次の工程である撚り止め（撚りをかけて紡いだ糸を煮沸する）のときに、紡ぎ玉がくずれることがある。ワラシベだけでなく、麦ワラやタケノコの皮、細いシノダケを使うところもある。

糸車の直径が大きいほど、労力が少なく早く巻き取れる。

糸に撚りをかけながら糸車に巻き取る。糸車は全体が作業者側に傾斜するように設計されている

「じんき」の端から繊維を引き出す

ツムに差したワラシベに糸を巻き取る

った糸は、下に色布を置いておくとはっきり見えるようになる。できるだけ細く、均一な糸を紡ぎ続けられるように練習すること。ツムに力がかかりすぎると、ツムの止め材が傷む。10g紡ぐのに約1時間半かかる。

経糸を紡ぐのは難しく、均一に紡ぐのには、技術が必要になる。経糸にのみ「糊付け」がされる。木綿会館では、経糸は機械紡績糸を使用している。

◎精練

染色するのに邪魔になる物質を取り除く作業を精錬と呼ぶ。精練をするのは、①煮ることで撚り止めになること、②糸染めのときに、ムラなく均質に染まることなどの効果があるからである。均一に染め上げるには必要な処理である。

現在はソーダ灰などで約1時間煮る。精練したあとは、よく水洗いする。精練すると、撚りの強弱がわかることがある。

45度の位置に座る。手や肘は体の脇に沿わせるような位置におく

紡ぎ終わった綿糸の紡ぎ玉

●糸染め

◎染める方法と道具

糸や布を染める方法には、化学染(直接染料)、草木染、藍染(インディゴ)などがある。

◎手順(化学染めの場合)

(1)染め液を作る

写真で示したのは、一綛(ひとかせ)130g(糸の太さで1綛の重さは変わる)で、水は3L、化学染料を使っている。1綛分が130gとなるので、浴比(浸染の際、染める糸や布地に対する染料の重量比)は30(130×30=3900/3・9L)に設定。

染料でも薄めの色ほど染めは難しい。100分の1単位での数字の違いでも、色具合の印象が大きく変わる

化学染料による染色の見本

水洗いしておく。均一に染まりやすい

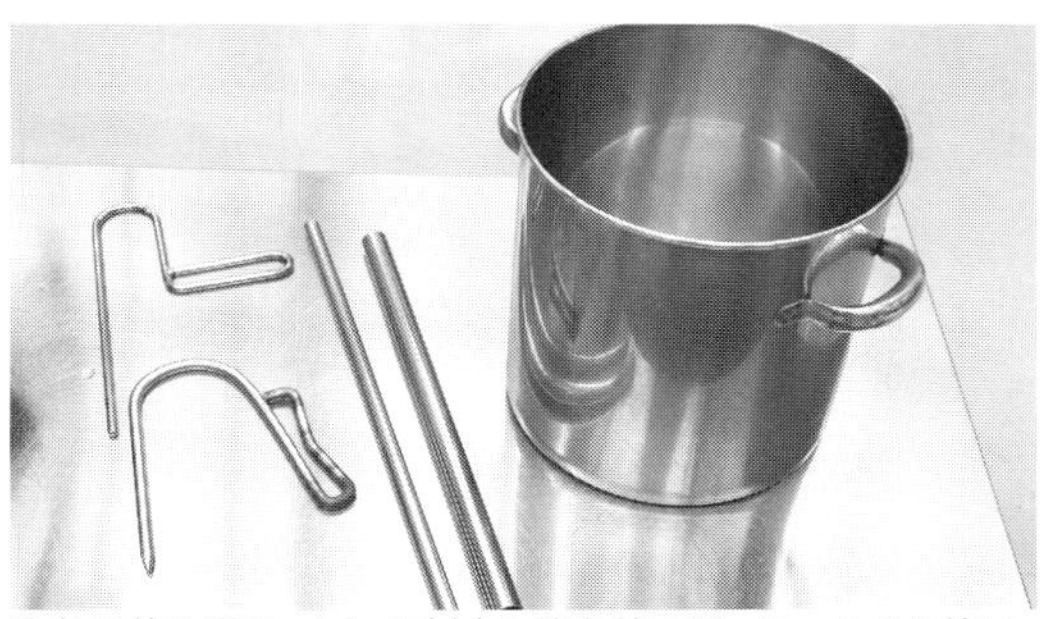
染色に使う道具。タンク（右）と染色棒４種。まっすぐな棒は、タンクの口に渡して糸を掛けておくため、曲がった棒は糸の引き上げのために使う

からだ。

(2)糸をぬるま湯で洗う

糸に染めむらが出ないようにあらかじめ糸をぬるま湯で洗い、浸けておく。

(3)水浸けした糸を脱水機にかける。洗った糸を脱水機にかけてムラなく染まるようにする。脱水後は糸が絡み合っているので、両端を両腕に通して左右に引き、きれいにさばいて整える。

脱水機で絞る

染料を溶く

(4)地入れ。脱水後の糸を水に浸けて、吸水させておく。

(5)タンクに染料を入れてかき混ぜる。

(6)染料溶いた水に糸を入れなじませる。

(7)加熱する

糸に対して重量比30％の芒硝剤（主成分は塩）を一緒にお湯に溶いてから、加

地入れ

脱水後は左右に引いて、さばく

染料を湯に溶く

加熱しながら糸を繰る

熱する。薄い色ほどすぐに色が出る。染色棒で糸を繰るという動作を繰り返し、染色濃度1％未満は30分の加熱、1％以上は1時間を目安に加熱する。その間糸を繰るという動作を繰り返す。この作業は、染色棒に糸を掛けて行なうが、糸を棒の上で、できるだけ糸を広げて掛けるように注意する。これは糸が筒状に丸まって棒にかかってしまいがちであり、棒状になると中のほうに染めむらが出るからである。

デザインにより、経糸は数回に分けて染めてもよいが、緯糸は一つのタンクで一度にすべて染めるようにする。これは、緯糸は染め具合の違いが微妙でも違いが目立ってしまうからである。無地のものなどであれば、一気に全量を染めるようにしないと染め具合が微妙に違いデザイン上も違ってしまう。

グラデーションの場合は、最も濃いものと最も薄いものをまず染める。その後に中間の濃さのものを染めるという順序で行なう。

染料の使用量が少なく薄い染めの場合には、タンクの中の湯が透き通ったら染料が糸に移った証で、染色を終わりにする。

火を止めてから、糸をタンクに浸けて30分ほど放置する。余熱でタンクの底に焦げ付かないように注意する。

(8)糸を手かぎで持ち上げて絞る。

(9)水洗い

何回か水をかけ流す。

染色棒には糸を幅広くかけるように

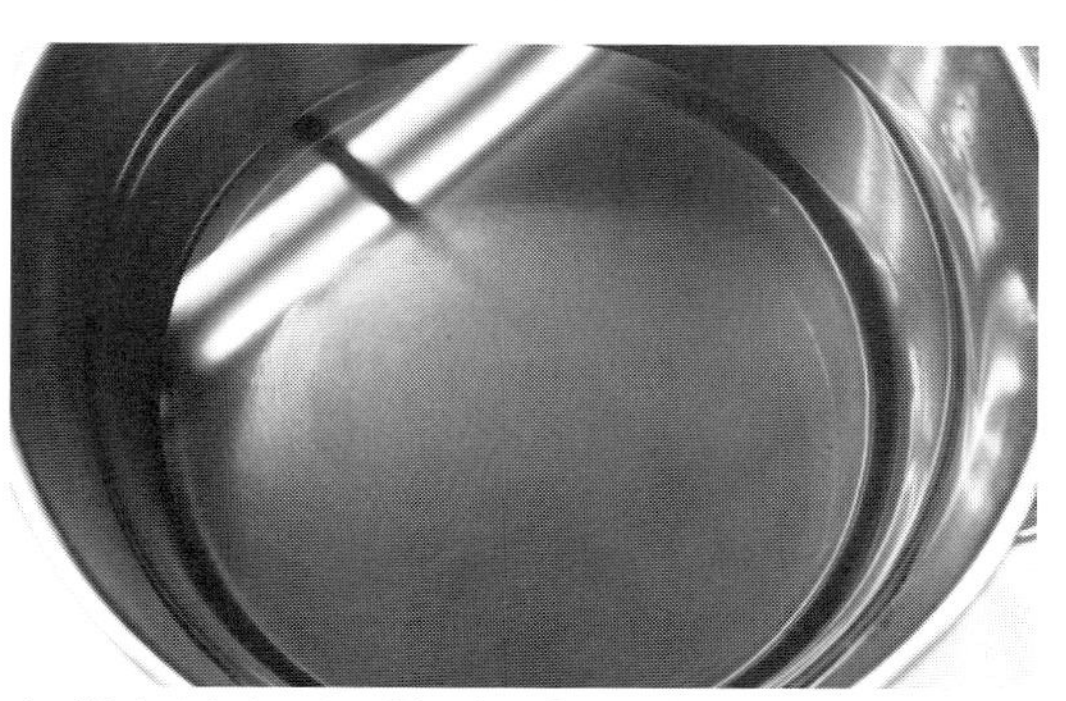

糸が染まるとタンクの湯の色は澄んでくる

染め上がったら絞る

色止めをする。濃く染めるものは2回色止めする。これを手かぎで引き上げて絞る。

⑽陰干しする

色によっては日に当てると褪めてしまうものもあるので、陰干しにする。糸の毛立ちをおさえるために、生麩（生麩の粉末）を水に溶いてから、手拭いで作った「漉し袋」で漉した液に浸けてから絞り、陰干しする。生麩を3～5％水に溶いたものを使っている。

◎草木染の手順

草木染は、染料にする植物、たとえば、タマネギ・マリーゴールド・カンピョウ（ユウガオ）・ピーナツ・アカネ・イチゴなどを煮立てて、植物の煮だし液を染色に使うものである。

⑴植物からの抽出液＝染め液作り

タンクに水と染料にするアカネなどの植物を入れて、沸騰するまで20～30分煮立ててから、植物だけ除いて抽出液を得る。

水洗いする

⑵糸染め（1回目）

抽出液に糸を入れて染める。沸騰している染め液の中に糸を浸けて、30分くらいの間「くる」作業を繰り返す。

⑶媒染

1回目の染色のあと媒染する。媒染液を作り、染めた糸を浸ける。媒染剤（みょうばん、銅、おはぐろ）で媒染液を作り、これに浸ける。頃合をみて、媒染液を洗い流す。

⑷糸染め（2回目）

⑶の糸を再び染め液に浸けて、「くる」作業を30分繰り返す。

⑸糸を乾燥させる。

⑹染めて乾燥した糸に、糊付けする

糊の材料は、生麩あるいは片栗粉でも代用できる。生麩を水に溶き、加熱する。生麩がダマになるので、加熱の間はずっと混ぜ続ける。糊が出来たら、布袋で漉して糊付け液を得る。

染糸を水で濡らし、脱水機にかける。濡らすときには糸は揉まない。脱水後の糸を糊付け液に浸して、軽く絞る。浸けては軽く絞るという作業を繰り返す。

⑺糸を陰干しする。

綛糸を巻く木枠（栫木）を、座繰りにセットする。右にセットされたのが綛かけと綛台

糊付けに使う生麩を漉す布袋

●糸を木枠に巻く

糊付け済みの経糸を木枠（栫木）に巻く作業である。

綛台、綛かけ、座繰りをセットする。座繰りの「ハンドル」を回して糸を木枠に巻きつける。横に広がるように糸をさばいて、できるだけ平らに広げて綛かけに掛ける。

無理のかからない程度に引きながら巻きつける。あまり高速でなく、一定のスピードを維持しながら、たるみもないように巻きつける。あまり強く巻くと糸が中に埋もれてしまい、整経の際に糸が出てこないことがある。

綛に掛けた糸を綛台に

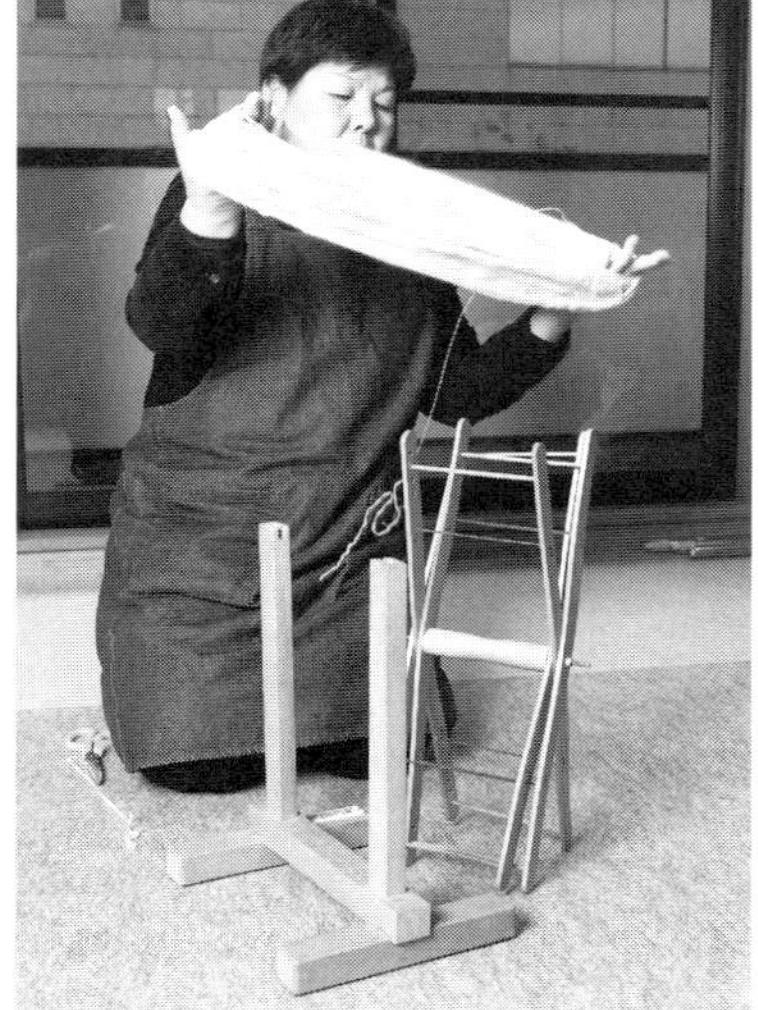
綛（右）と綛台

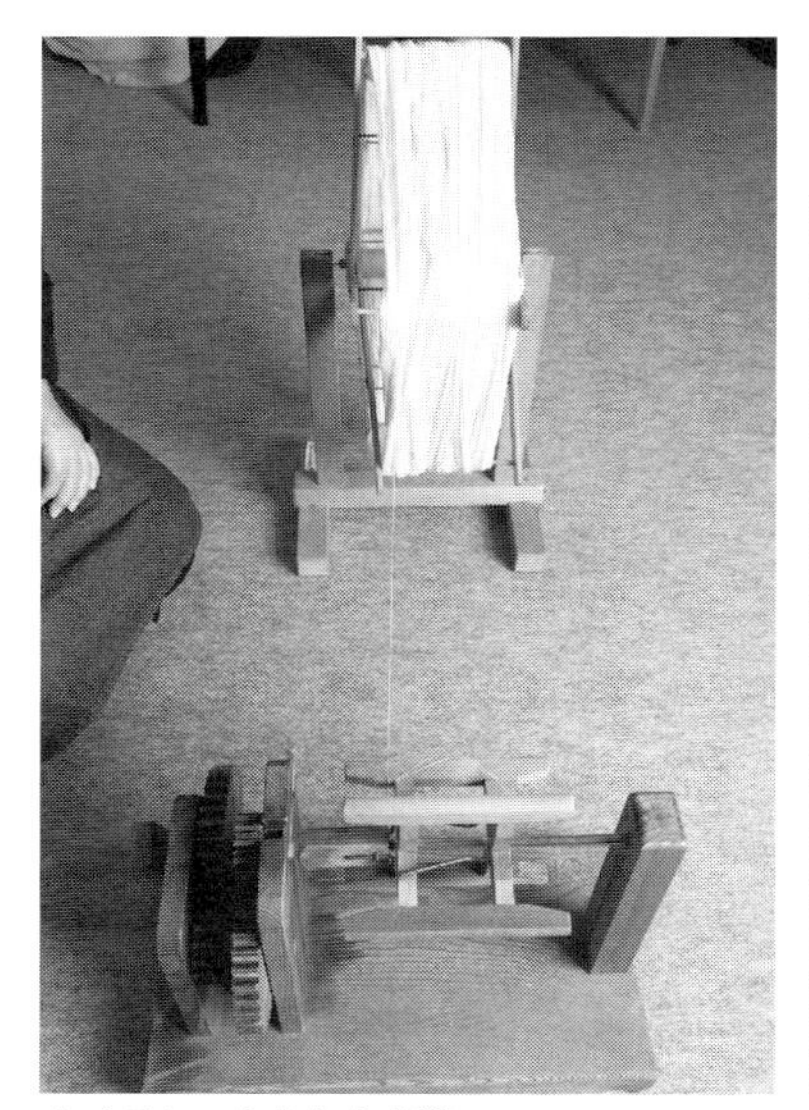
すべてセットされた状態

木枠に糸をつなぐ

1綛分で130gくらいのワタを使う。綛の重さは糸の太さにもよる。反物の設計によって、木枠の数と糸量も決まる。1綛の半分量であっても、扱いやすいことを基準にして巻く。設計にしたがって事前に必要な糸量を計算しておく。

現在、真岡木綿では、主に、経糸は機械紡績糸を使っている。

織る——反物ができるまで

真岡木綿は、江戸を追われた武士の妻たちによって広げられたともいわれる。真岡は水がいい土地柄でもあり、絹のような肌触りの木綿に仕上がるといわれたものだという。

●機ごしらえ

◎整経

織るのに必要な経糸の長さを決め、必要な糸の本数を確保する工程で、木綿織のデザインを決めることにもなる大事な工程である。織物のデザイン(設計図)に従って、染色した糸を配列し、適確に必要な糸を「設計図」にある糸の順序にしたがって取り込んでいく作業である。

織り上がりのデザインを想定して、糸の順序を確認し、糸を巻いた木枠を整経

杭を往復して寸法をとる

台にセットし、必要な杭を差し込んで立て、木枠から経糸を引き出しながら、順序よく整経台にかけていく。

右と左に立てた杭の間が1・5mあるので、ここを往復すると1・5×2で3mの経糸になる。12mの経糸を準備したいなら、ここを4往復することになる。染めた糸を巻いた木枠を、設計の色の順序通りに並べて、間違えずに取り込む作業をする。写真の場合には1本ずつあやをとり、作業者の手前にある杭4本のうちの、右の2本にかけていく。そのあと、隣の2本の杭には一定の本数ごとに結束するための糸をとる。一定本数を結束するための糸とりを「大あや」という。大あやをとり、結束すると全体の本数を数える作業が楽にできる。1反分で1000

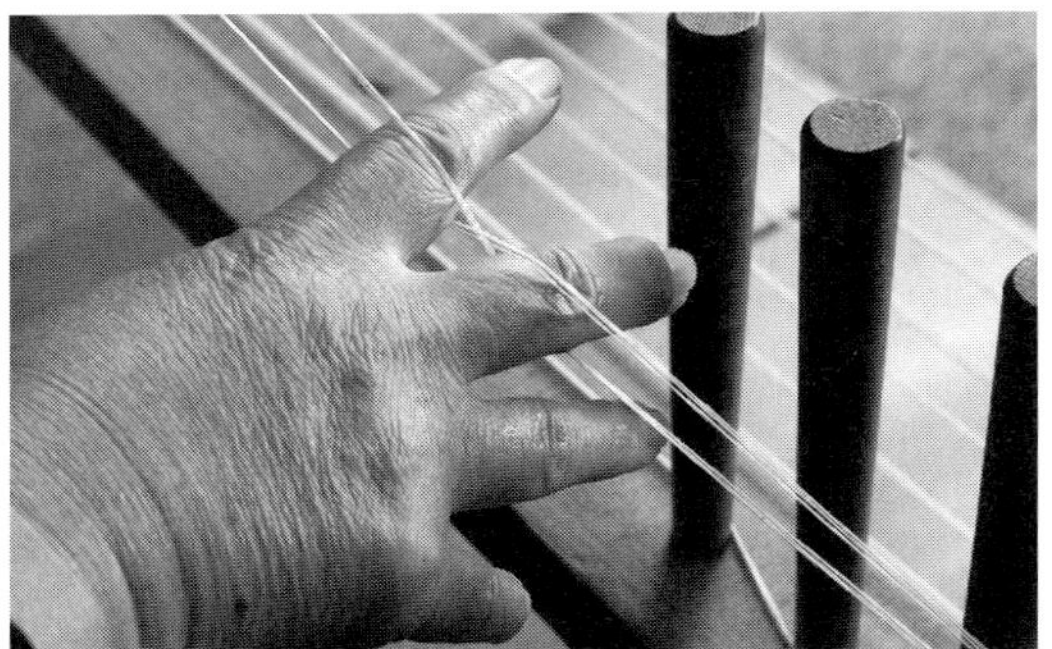
木枠からの糸をひきよせる

あやをとって杭に掛ける

4本の杭にあやと大あやを掛ける

あやの部分は紐で結ぶ

あやを掛けた杭

結ばれたあやの部分

鎖編み②

1反分の経糸がとれたらクリップで結束する

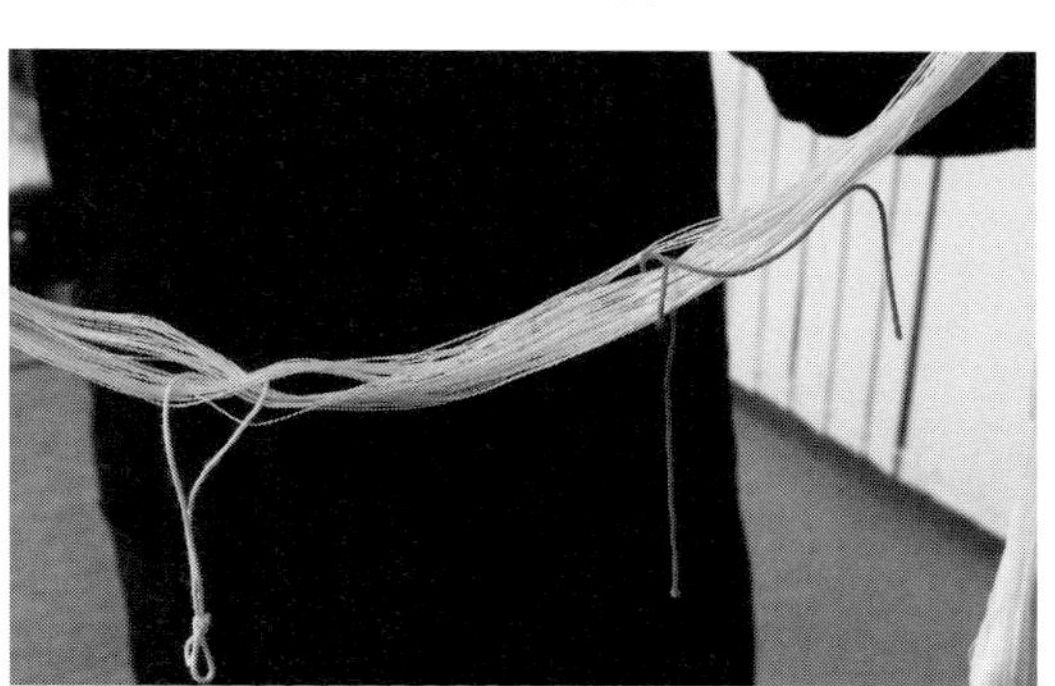
鎖編み①

本以上の糸をとることになるから、結束しておくことで、本数確認の手間を省くことができる。

　12m分の糸がとれたところでクリップで止め、糸をかけた杭のところで糸の順序と本数を確認し、糸を切る。全体を「鎖編み」にしてまとめておく。

◎整経作業のポイント

　整経作業ではたるみができたり、張りすぎたりしないように、杭にかけていくことが大事である。整経工程の前工程である、木枠への糸巻き作業がきちんと行なわれていないと、たるみの原因や作業中断が起きることになる。整経は、経糸の順番（＝綾）を決める作業ともいえる。

　はっきりと糸の色が違う場合はわかりやすいが、グラデーションがかかっていたり、同系統の色はより一層気を遣うことになる。

◎整経台

　これも形や方式はいろいろにあるが、整経台は、糸の色がわ

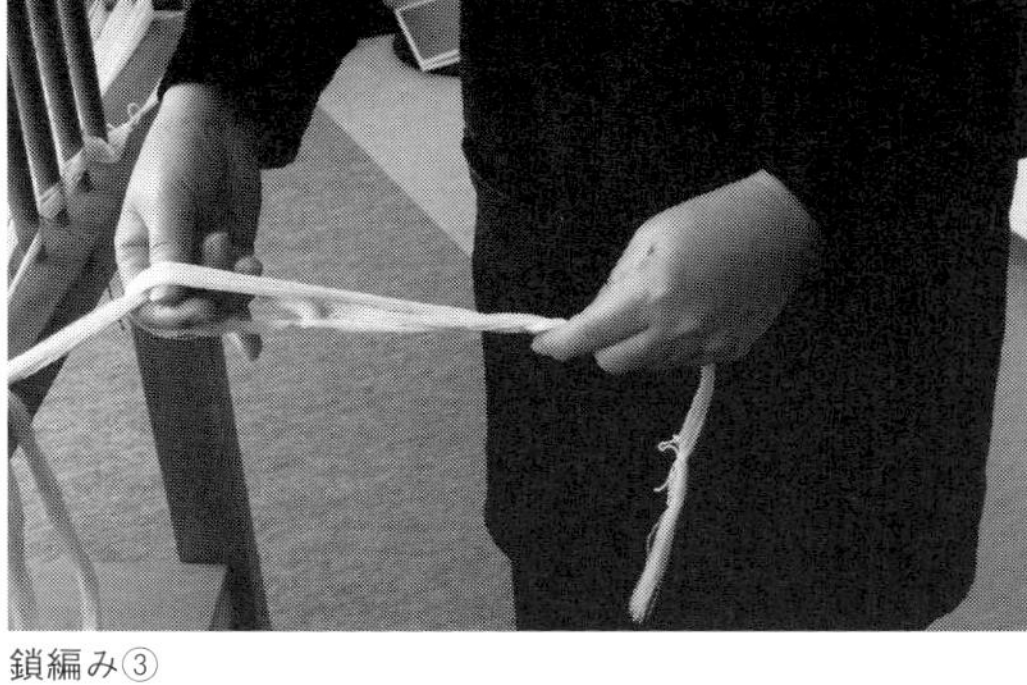
鎖編み③

鎖編み④

平型の整経台

かりやすいように、平型台を採用した。作業者側に傾斜した形をしたものや、杭を真横に差し込む型式のものもある。左右に差して立てる杭の間の長さも、0・5mや2mなどいろいろに考案されている。1反の反物に必要な長さをどう取っていくかの違いである。

●仮筬または粗筬通し

整経した糸を一定の密度と織り幅に揃えるために、仮に筬通(おさとお)しをすることを「粗筬(あらおさ)通し(仮筬通し)」という。

真岡木綿では、1反の長さを13・5mとしている。復活されたころは、1反12～12・5mであったが、手紡ぎ・手織り木綿は10％くらいの縮みが出る。洗っても縮むことから、縮み分を見込み、また現在は長さを修正した。反物の整経長を17・5mにし、織幅も36～38cmだったものを40cmにしている。40cmの織幅になると、およそ1060本の経糸が必要となる。

◎仮筬を通す

鎖編みした整経糸の先端から「あや」を作った部分の50cmくらいまでをほどいてから重石を置き、「あや」にしたところを挟むようにして、あや棒2本を差し込む。このあや棒を、「木枠」を2つ並べたところに橋渡しするように置き、整経糸を反物の幅の分だけ横に広げていく。筬は密度の異なる型があり、自分の使用している筬の単位におきかえやすいものを選び、経糸の密度に合わせた一定本数ずつを1目ごとに割り入れて、全体の密度を揃える。

やり方は二通りあり、筬通しを仮筬の下から差し込み糸を引き込

鎖編みした綛糸

金属製のスリットに糸を差し込み経糸の位置を決める

むやり方と、筬通しの二股に分かれたほうを使って、糸をスリットに上からまっすぐ差し込むやり方がある。筬はステンレス製のもの。かつては竹筬などもあったが、ステンレス製に変わった。写真では糸も太く、仮筬のスリットも1cmに9スリットの仕様だが、通常は糸がもっと細く、多くなれば、仮筬通しの作業時間はもっとかかる。

仮筬通しの作業は、デザインと本数を確認しながら順序を間違えないこと、スリットを飛ばして隣に差さないことが大事。スリットに差し込む本数ごとに横に並べておくと能率があがる。仮筬通しもまた根気が必要な作業である。

糸を横に広げ順番を確認しながら作業する

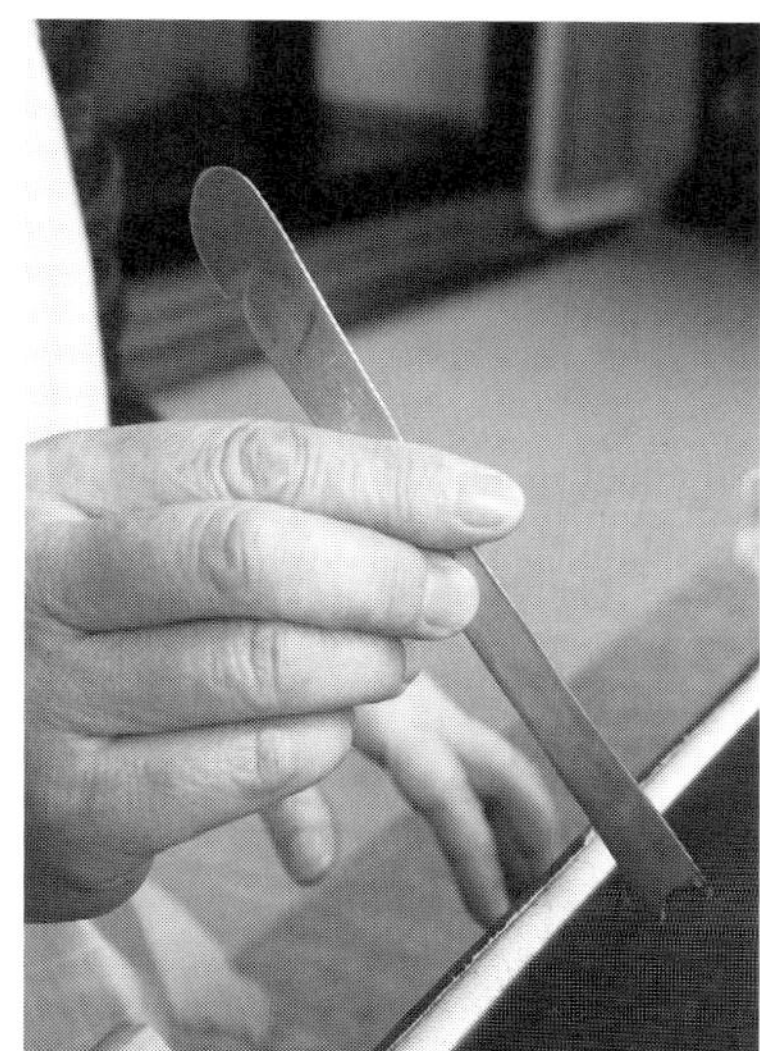
使う道具は「筬通し」

手前は仮筬通しが済んでいる

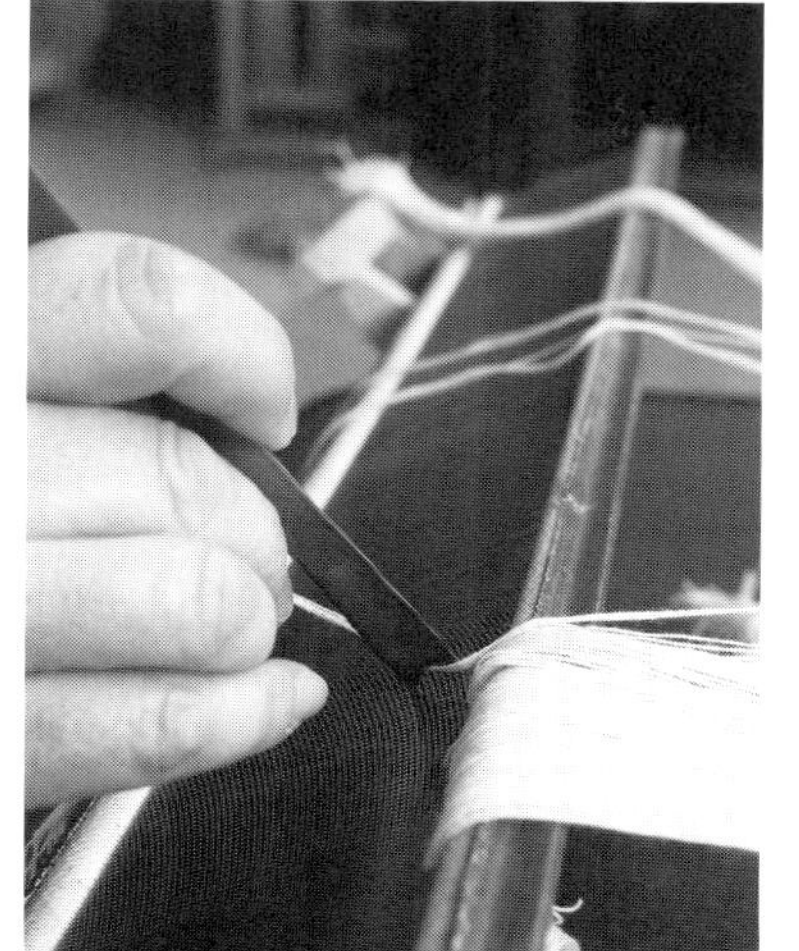
上からスリットにさしこむ

下からスリットにひき込む

●男巻きに巻き取る（男巻き）

男（お）巻きは、粗筬通し（仮筬通し）された糸を巻き取っていく工程のこと。木の枠に、糸同士が絡まないように、紙を入れながら巻きつける。

◎仮筬通しの済んだ糸の端を柱に結びつける

作業部屋は、隅から隅までの長さがおよそ5m。1反分の糸17・5mを一度にほどいて伸ばせる場所があればよいが、対角線の5mが室内では最長となるので、4回くらいに分けて作業を進めることになる。部屋の隅の一つにはステンレスの円柱が立っている。これは会館を作るときに特注で設置してもらったもので、これに仮筬通しの済んだ整経糸の仮筬のないほうを結びつける。昔は柱や機の足などに結んで、男巻きをしたという。仮筬通しの済んだ糸を、四角い箱型の筒に巻き取っていく作業が「男巻き」である。ここでは、男巻きの「床巻き」の方法をとっている。関西では四角でなく円筒形の筒になっているところもある。円筒形は巻きやすいようだが、四角い箱型は上に膝を載せやすいし作業はしやすいようだ。

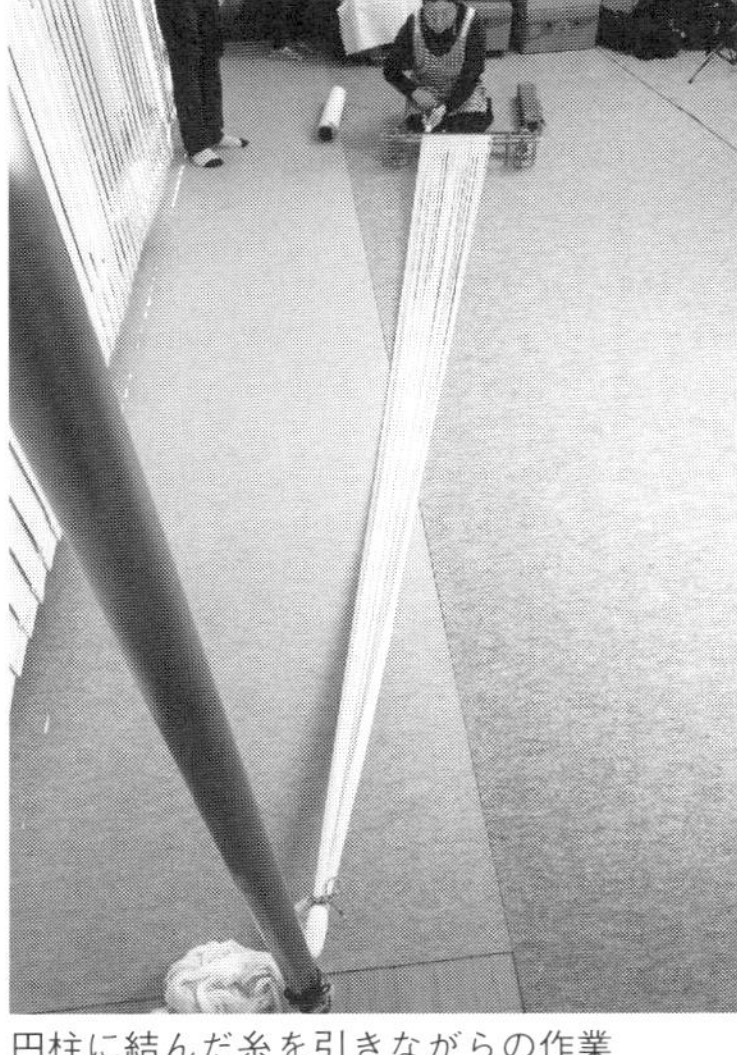
円柱に結んだ糸を引きながらの作業

円柱に結びつけたあと、「あや」の位置を確認して「あや」の前後にあや棒を1本ずつ差してから、糸を巻く「木枠」2つを並べた上に橋渡しするように置く。

◎巻き布に整経糸を結びつける作業

次に、千巻(布巻)の先端にある金属棒に、仮筬を通して束ごとに結んである糸を、結びつけていく作業にかかる。

巻き布に糸を結ぶ

結ぶ順序は、まず真ん中を結び、次いで両端の糸の束を結んでから、後は順に結んでいく。1反分の糸の真ん中にあたる糸の束をまず結んで位置を決め、次に左右両端の糸を引き揃えてから、その束を結んで全体のバランスをよくするという具合に進める。

具体的な手順は次のようになる。仮筬を通って手前で結ばれている糸をほどき、糸を引きながら長さを整えるようにして1本1本の糸をステンレスの円柱から引っ張るようにして引く。

「たるみ」を取るように糸を強めに引く

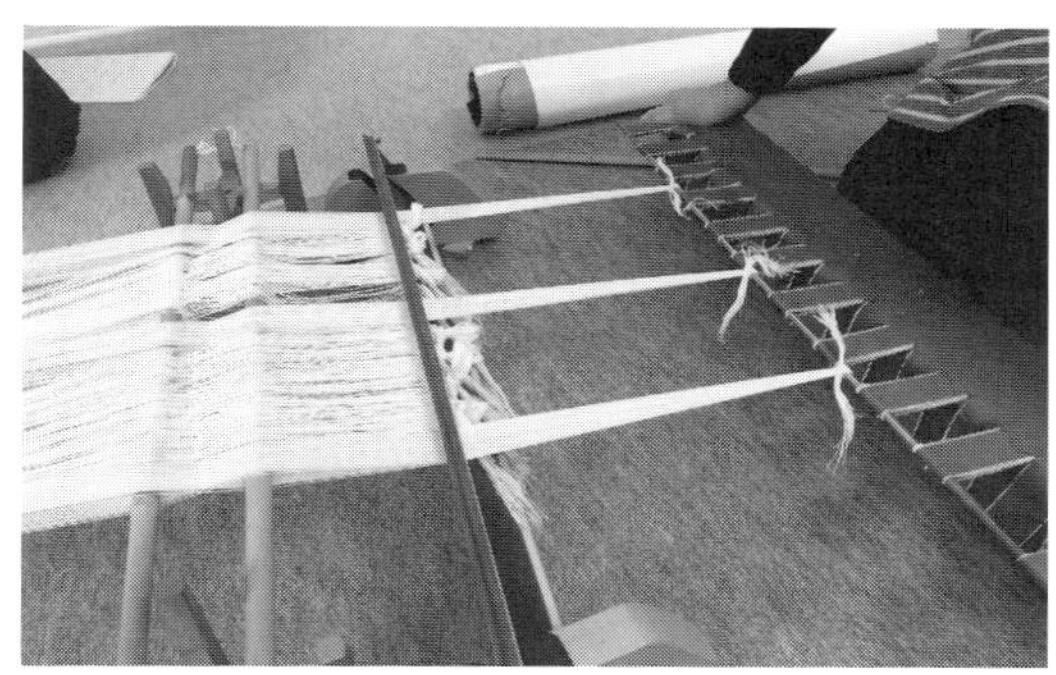
中央と両脇を結び幅が決まる

真ん中の糸、両脇の糸の順で結ぶ

糸を引くとあやが揃ってくる

男巻きの幅を測り、結ぶ位置を決める

糸を引くことで糸の長さが揃い、あや棒に挟まれた「あや」は真ん中に一直線に揃って並ぶようになる。「あや」を揃え、たるみがないように引く。この「あやが作る一直線」を崩さずに揃えるように注意しながら、糸を引いては揃えることを繰り返して、糸のたるみがなくなり、揃ったところで、その一束を千巻の端に差し込んであるステンレス棒に結びつける。結び方はステンレス棒に掛け通してから、1束を2つに分けて結ぶ。

◎床巻き

すべての糸の束を結びつけたところで、糸を巻き込む作業に移る。まず、2つの「木枠」を取り除き、「筬建て」も外す。作業者から見て手前に仮筬、その先にあや棒、あや部分、あや棒と

あやが線になるように引く

2本のあや棒の間のあやが一線に揃うように

糸の束を左右2つに分けて結ぶ

木枠を外して巻き始める

いう順で、ステンレス円柱まで糸が伸びている状態になっている。

全体を今一度ステンレス円柱から引いてたるみをなくす。一緒に巻く紙を用意する。引きながら巻き取ることになる。

糸を巻き始める前に、糸との間に紙を敷いて一緒に巻けるようにする。糸が絡んだり、上下に落ち込んだりするのを防ぐための紙で、長さをやや短くしているのは、前に巻いた糸の位置が見えるようにしたいからである。こうすることで、前に巻いたものの上に巻くことができ、位置がずれないようにしている。紙の長さを1周分ぴったりにしてしまうと、前に巻いた糸の位置が見えないので、前に巻いた糸と同じ位置に重ねて巻けないことがある。四角な一辺分を巻くごとにステンレス円柱に近づく。一辺分を巻いたあと、膝から体をのせて重みをかけ、さらに引いて次を巻く。

ステンレス円柱に近づくにしたがって幅が狭くなっていくので、糸が重ならないように、平らに広げるように意識して巻き取る。木綿は毛羽立ちやすく、絡みやすい。絡むとたるみも出やすいので、毛羽立ちや重なりにはとくに注意して作業する。

◎男巻き作業での留意点

男巻きでは、糸をたぐり寄せる感じで引き、糸のたるみをとり、糸の重なりをなくす

強く引きながら巻いていく

一緒に巻く紙も準備する

あやを調整する

あや棒と仮筬を前に移しながら

円柱が近づくと、糸の重なりに注意

ように作業することがポイント。糸の束を持つときも、平らになるように広げて持ち、横へ横へと平らに広げる気持ちで引く。糸は重なるだけでも張力が変わり、たるみの原因になる。糸を横にばらけさせ平らにして巻くこと。作業者の指の爪も、糸扱いには一つの要素になる。伸ばし過ぎも困るが、かといってまったく短く切っているのも作業がしにくい。

整経のときには、糸の長さを揃えて切ったつもりでも、たるみは残っている。男巻きでも、ステンレスの円柱に結んだ一区分ごとに、たるみを取るように心掛けて作業する。糸の長さの揃い具合は「あや」が作る一直線を目安にする。糸をさばく際は、指を糸の先端まで抜ききるようにすること。抜ききっておくと、糸の先端の絡みまでとることになり、このあとの綜絖通しの作業でも間違いが少なく、作業しやすくなるからだ。

いずれにせよ、男巻きはなかなかしんどい作業である。昔は男性がやっていた作業だったようだ。糸の並び具合がここで決まるので、丁寧な作業が求められる。

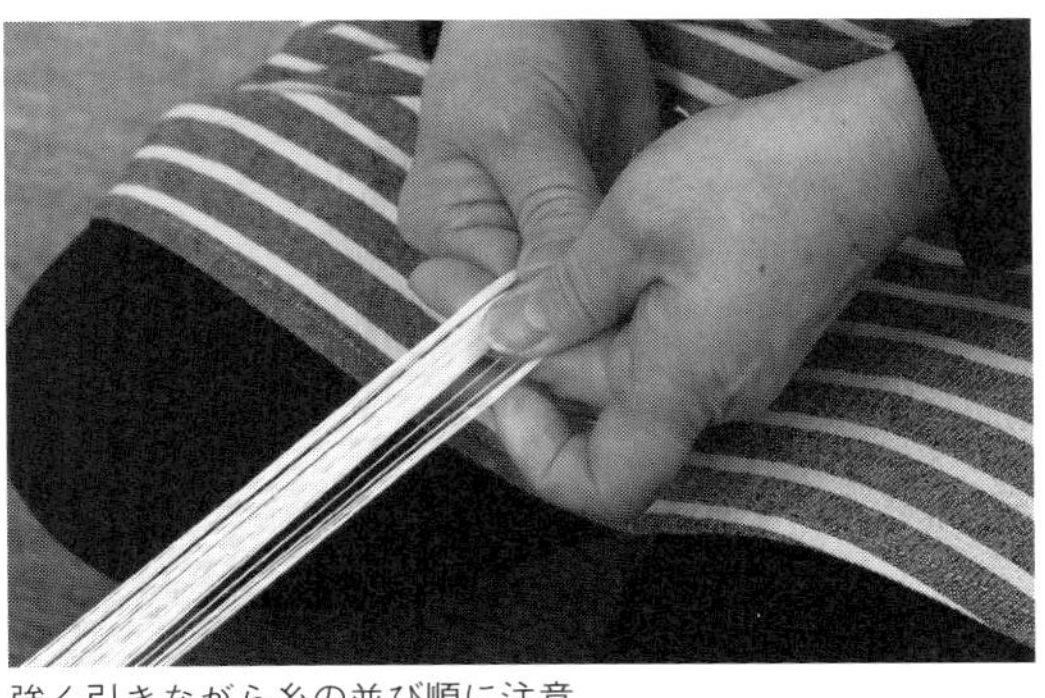
強く引きながら糸の並び順に注意

いつもあやが一線に揃うように

◎男巻きの最後――「あやがえし」

糸を巻いている間は、作業者の前に筬があり、その先にあや棒に挟まれた「あや」がある状態になっている。男巻きの巻き終わりには、作業者と筬の間に「あや」があり、その先に筬があるようにしておかなければならない。そこで最後に行なう作業が「あやがえし」である。

まず2本差してあるあや棒の手前の1本を、筬に寄せてぴったりつける。次に筬と作業者の間に3本目となるあや棒を差し込む。作業者から見て筬の向こう側に沿わせたほうのあや棒を引き抜く。そのうえで、筬にはあやを通過させ、その先のあや棒のところまで押していく。これで新たに差した作業者からみて手前のあや棒と筬の間に「あや」が移っている。筬の手間に移動せた「あや」と手前に差したあや棒の間に、この「あや」を挟むようにして筬に沿わせて、さらにあや棒を差し直す。これで「あや」の位置が筬と作業者の間に入った2本のあや棒の間に移り、作業者からみて手前からあや棒、「あや」、あや棒、筬の順になった。この作業を「あやがえし」という。

◎男巻きの仕上げ作業

筬が2本のあや棒の先に出たところでステンレス円柱のところで糸の結びを解く。「あや」を確保しておくために、あや棒は男巻きの中に一緒に巻き込んでおく。ふたたび「筬立て」2つを並べて、筬を置き、筬から一束ずつ糸を外して結んでいく。

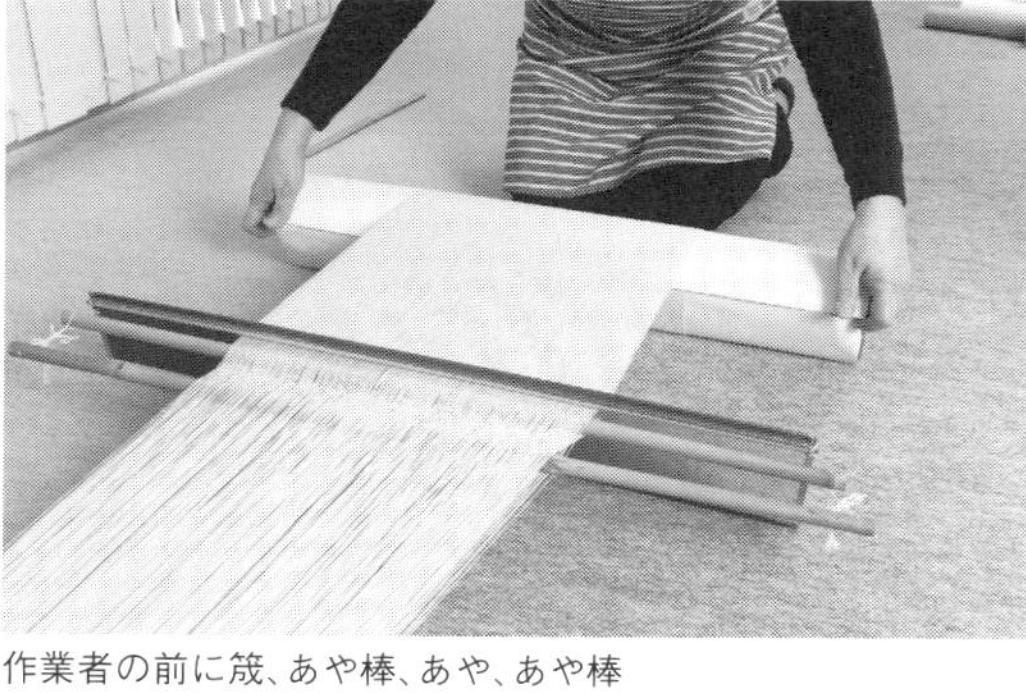
作業者の前に筬、あや棒、あや、あや棒

あやがえし① 筬の手前にあや棒を差す

あやがえし② 筬の先のあや棒を抜く

あやがえし③ あやの先に筬を送り、あや棒と筬の間にあや棒を差す

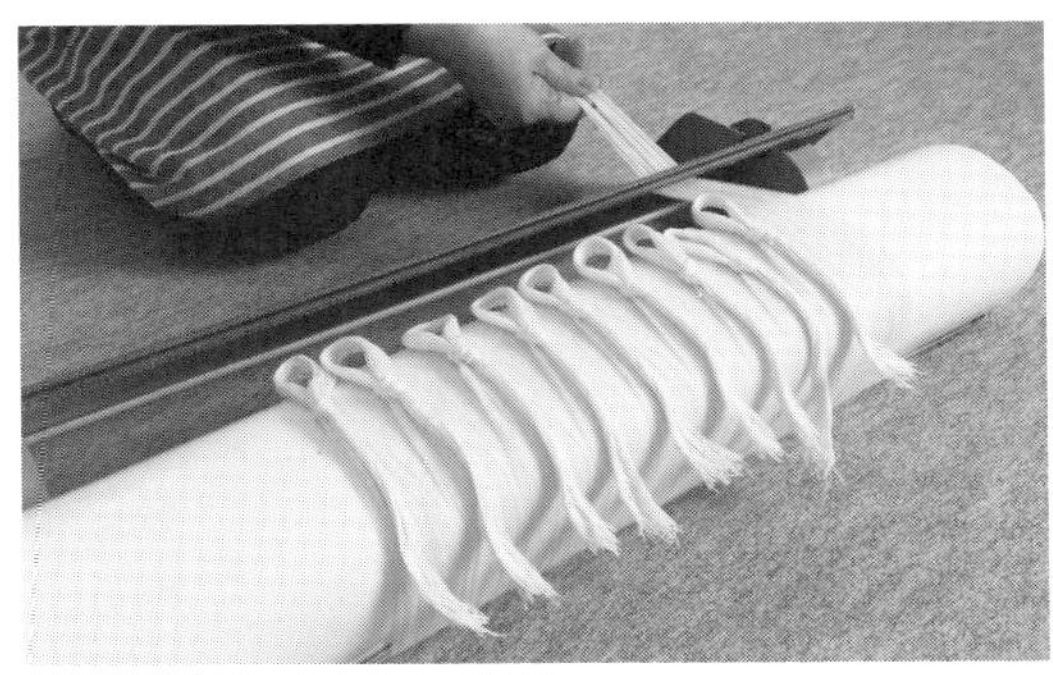
一定の本数ずつ糸を束ねて結ぶ

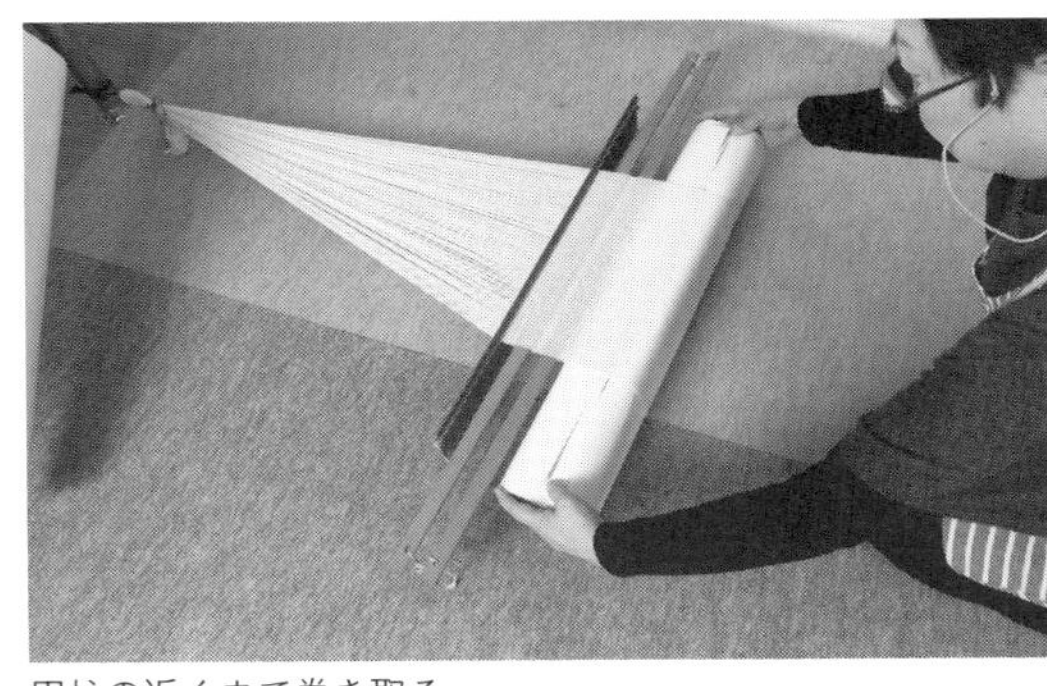
円柱の近くまで巻き取る

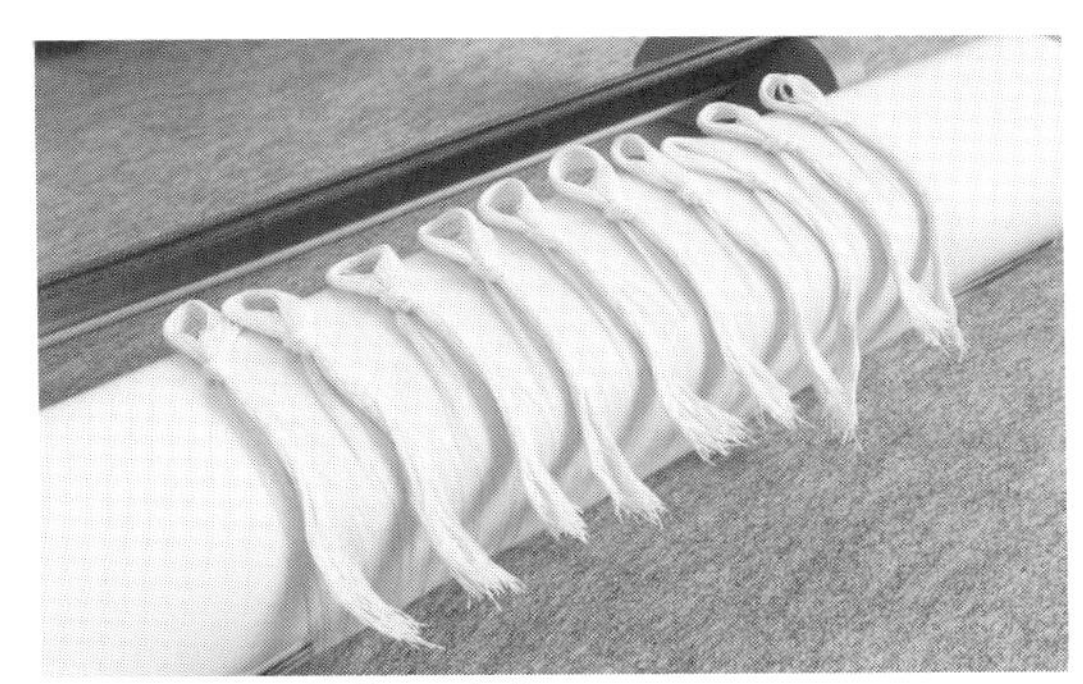
糸の束を結んで男巻きの完成

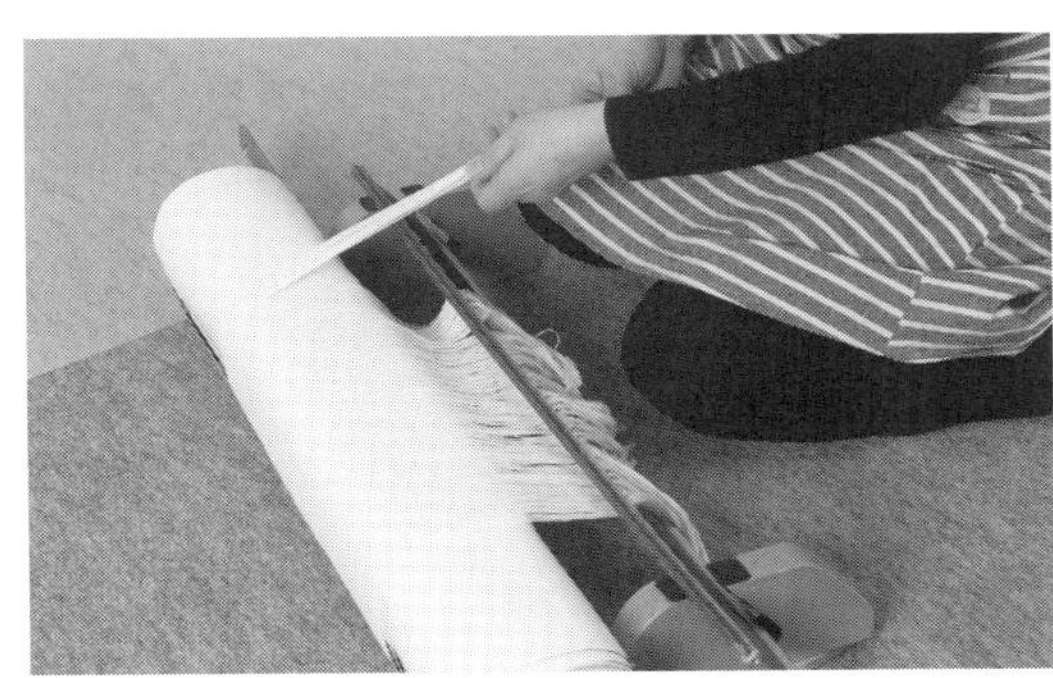
円柱から外し、糸の順序を確認して結束する

べての糸を抜き結び終えれば、男巻きは終了となる。これで床巻きされ1束ごとに結ばれた形の男巻きができあがる。

●機がけ

「はこ」に巻いた経糸(男巻き)を、高機(たかばた)の千切に組み込んでセットし、2本のあや棒と一緒に、結束してある糸を、綜絖(そうこう)のあるところまで伸ばす。「あや」を挟んで差されている2本のあや棒は綜絖の手前に置き、固定する。

このあと、綜絖通し、筬通しの作業を経て、織り上がった布を巻き取る千巻に経糸の先を結びつければ、経糸を高機にセットする「機がけ」が完了する。

高機の千切にセットされた「男巻き」

千切にセットした男巻きから糸を引き上げる

◎綜絖通し

綜絖を固定している木枠を移動させて、綜絖通し作業がやりやすいようにする。先端がカギ状になっている「綜絖通し」という道具を使って、綜絖の輪の中に糸を引き込む作業が綜絖通しである。

４本ずつを一組にして、「あや」の順番の通りに引き込んでいく。あやとり遊びのように、４本の指の間に糸を１本ずつ挟んでから、人差指に絡めて順に「綜絖通し」の先端のカギになった部分に絡めて、綜絖の輪を通す。通常は１０６０本の綜絖に同じ数の経糸を通すことになる。糸の順番を変えずに、欠かすこともなく設計の通りに糸を並べる。

◎綜絖と踏み木の数

かつては綜絖もすべて糸で作られていた。糸綜絖は、金属の綜絖と違い糸にはやさしいが、繊維が絡みやすい。綜絖の手直しは糸綜絖が力を発揮する。万が一、綜絖の順番を飛ばしてしまい、１本だけ糸が飛び出してしまったような場合には、本来その糸が納まるべき位置に、糸で作った糸綜絖を差し込んで糸を納める。金属の綜絖は、上についた輪の部分を順番に揃え、横棒で貫いて固定するようになっているので、途中で割り込むことができない。糸綜絖なら飛ばしてしまった部分に糸を結んで綜絖を加えることができる。綜絖の数は織る布の幅によって変わるもので、減

金属製の綜絖

綜絖枠をセットする

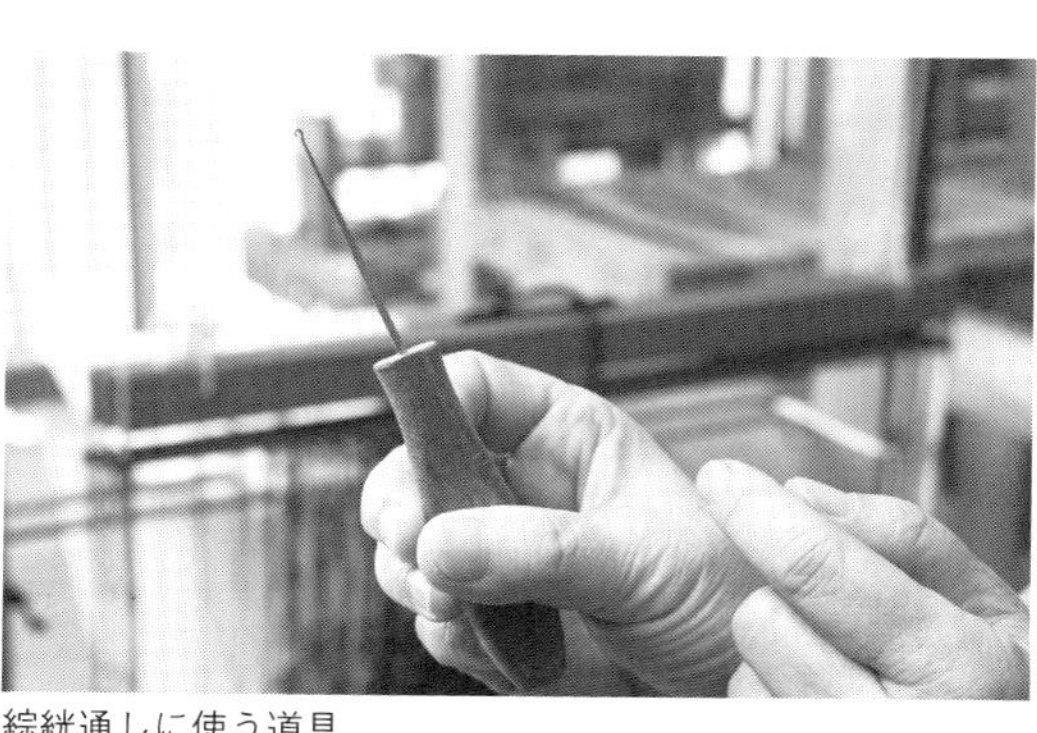
綜絖通しに使う道具

糸が水平に通るように綜絖の位置を見る

通常の反物は1060本の綜絖を通す

綜絖通しを輪に入れて糸を引き込む

らすことも増やすこともできる。写真では８００本分の織巾にしているが、通常は１０６０本分になる。綜絖をとめる綜絖枠は傾きやすい。綜絖は枠の中心から左右のバランスがいいように並べる。使わない綜絖は枠から外しておくことも必要になる。綜絖は構造上に上下があるので、順序を揃えてくくり、まとめて扱うようにする。

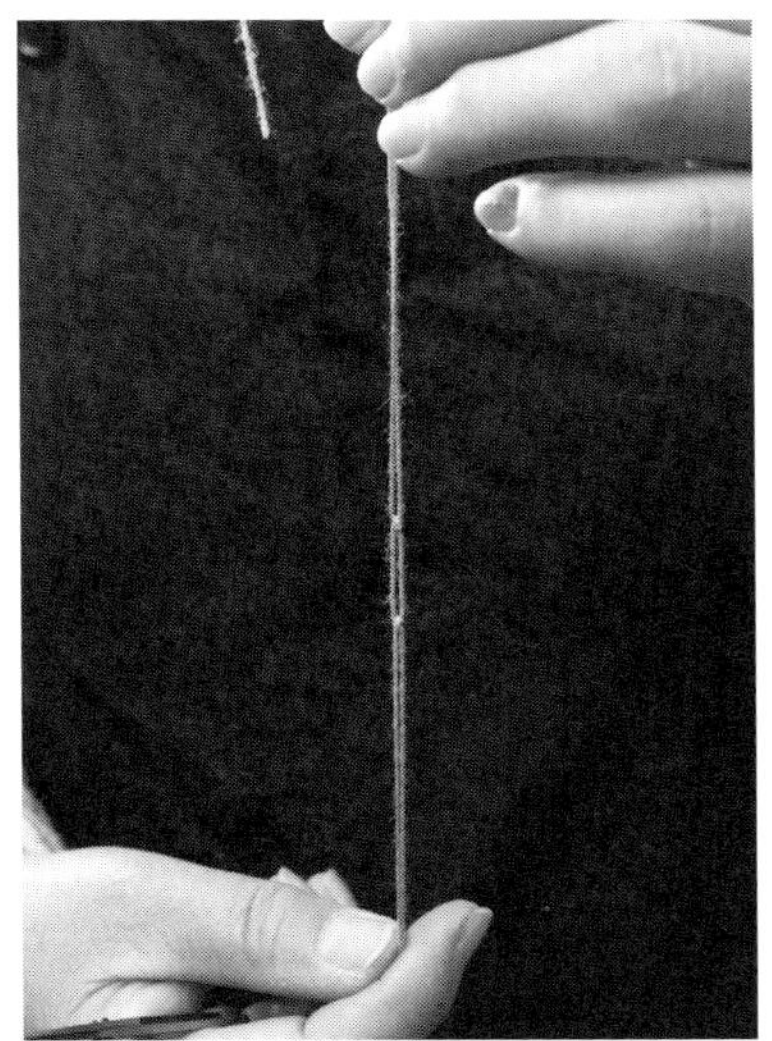
糸綜絖

綜絖から外れた経糸があれば糸綜絖で対応する

綜絖を綜絖枠にセットする

茨城県土浦では、1反の幅に必要となる糸数の半分だけを綜絖に通すという方法をとっている。真岡木綿では4枚綜絖としているが、昔は2枚綜絖だった。今でも2枚という地域もある。4枚の綜絖が2本の踏み木につながっている。糸の受ける摩擦は4枚綜絖のほうが少ない。踏み木が6本になれば、複雑な模様織ができる。

筬（本筬）通し作業

綜絖に通した糸で、仮のあやをつくると筬通しの作業がしやすい。へら状の道具である「やはず」(筬通しともいう)を使って、機の手前に固定してある櫛状の筬(おさ、あるいは本筬ともいう)に通していく。筬通しには、上から落とすやり方と、下から引き込む「ひき」の2つがある。これは仮筬通しと同じ作業を本機の上でも行なうことである。

筬幅が正しく機の中心にくるように位置を決めて、1本1本の糸を筬に通していく。筬に通したら、「あやの一直線」ができるように糸を引いてたるみをなくすとともに長さを揃え、40本ずつ束ね、布巻きに付いている「織り出し棒」に結びつけていく。どの糸も同じ張力を持つように結ぶことが大事である。

1反分の経糸を布巻きに結び終えたところで、機にセットする「機がけ」が完了する。

本筬のスリットに糸を通していく

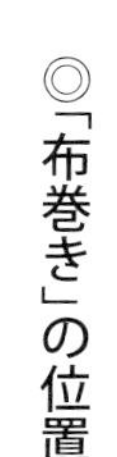

◎「布巻き」の位置

巻いた糸(男巻き)は、間丁を経て綜絖、本筬を通り千巻につながっている。この間丁から本筬を通過するところまでは、糸が水平になるように筬が組み込まれている「かまち」や綜絖枠を「じゃばら」を使って前後に移動させて、綜絖や本筬の位置を調整する。織った布を巻き取る布巻きについている巻き布に筬を通した糸を結びつける。糸の水平を確保するために、「布巻き」の位置をいろいろに工夫した高機が作られている。真岡木綿では、作業者の足元に布巻きを置くように設計されている機もある。

作業者の座る位置に布巻きを設置する

スリットを正しく通っているかを確認

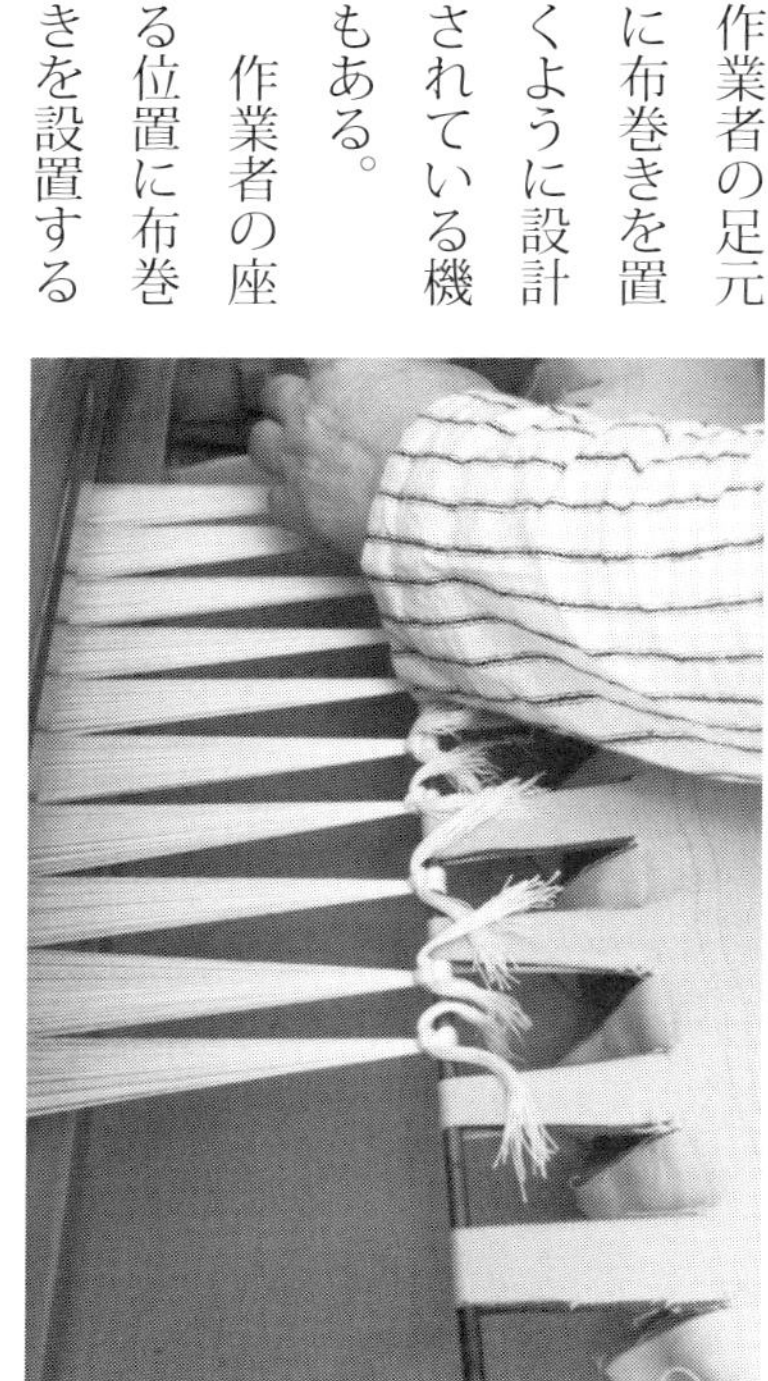

布巻きに結ばれる経糸

最初に通すスリットの位置を決め、糸を引く

綜絖枠の位置を調整する

と、織り進むにしたがって布巻きが太くなっていくために、綜絖や本筬を引き上げて糸の位置を上にあげる必要が出てくる。足元に設置することでこの調整はしなくてすむ。

　筬に通す糸の本数は織り上げる布の種類によって違ってくる

綜絖枠の調整

布巻きを引き上げて糸を結ぶ

◎小管巻き

　緯糸を織り込むのに使う杼(ひ)(シャトル)の中にセットされる、小管(こくだ)とよばれる部品に糸を巻く作業である。

「かせぎ」に緯糸の束をかけて、小管をセットして、これに緯糸を真ん中が高くなるように巻いていく。シャトルの幅から出ない程度の量を巻きつける。

小管に緯糸を巻く

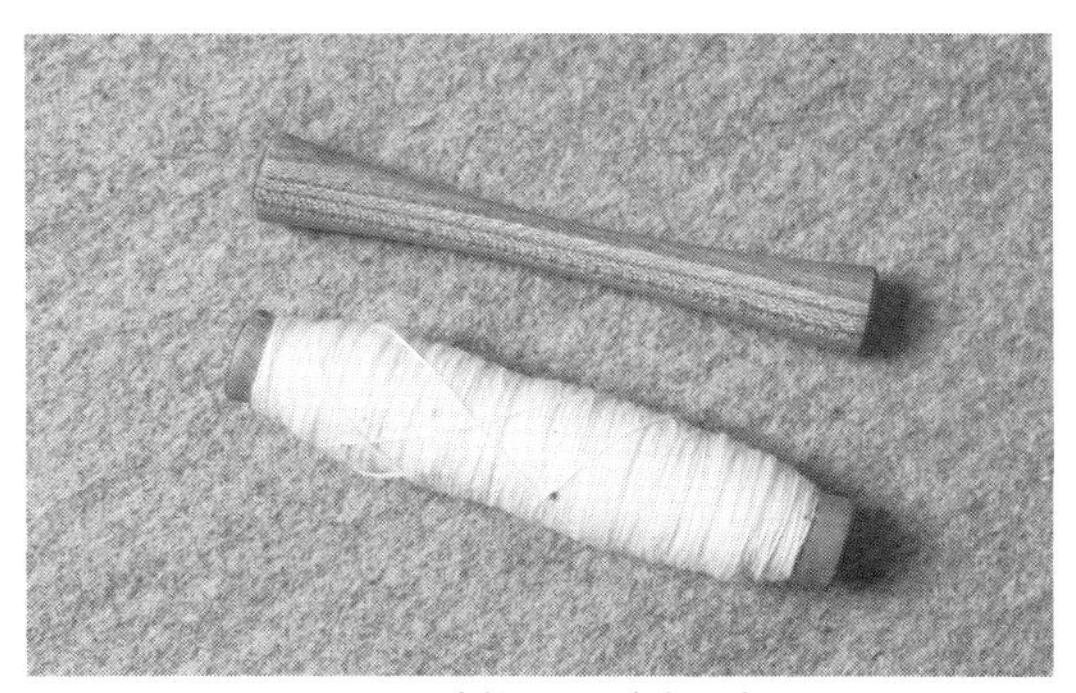
シャトルにセットされる小管。下は緯糸を巻いたもの

布巻きを固定する装置

「あや紙」を使って糸の並びを確認

巻き終わった小管を、シャトルにセットする。緯糸はシャトルの真ん中に開けられた穴から出てくるようになっている。

●機織り

織りの工程。踏み木を足で動かしながら、綜絖を上下させ、糸と糸の間に杼(シャトル)を使い緯糸を1本1本入れ、緯糸を寄せるように筬が組み込まれた「かまち」で二度ほど叩くようにして布の形にしていく。

万一綜絖を外れた糸があるときは糸綜絖で

◎織り始めの「捨て織り」

織り始める前に、作業者の手前に「あや紙」を3枚差して糸の並び順が正しいか、重なりはないかなどを確認する。綜絖を通っていない糸を発見したときには、糸綜絖を作って手当する。

最初の織りはシャトルを引き抜いてそれぞれの端にある経糸に緯糸を絡めて織り込む。これを「捨て織」と称している。6～8㎜くらいの幅で捨て織りしてから、本格的に織り始める。

捨て織り

綜絖枠には手前から番号が付いている。最初の綜絖を通っている糸を1の糸、二つ目の綜絖を通っている糸を2の糸、以下3の糸、4の糸とする。複雑なデザインの織りになると、この綜絖枠の番号をデザイン設計図の上に番号で楽譜のように示される場合もある。

◎織りの手順

高機は、踏み木を踏むことで、経糸が入れ替わるようになっている。平織の場合には、足を踏み間違えても緯糸が抜けるだけで、やり直しがきく。

シャトルを右から入れるときには、まず右足で踏み木を踏み、開いた経糸の間にシャトルを挿入して左に滑らせて送る。右足

捨て織りの完了

を踏み木から外し、左手でシャトルを受けとり、手前に寄せるようにトントンと二度かまちで緯糸を叩いて布にする。次に左足で踏み木を踏むと、経糸が入れ替わって開くのでその経糸の間に、左手にあるシャトルを滑らせて右に送る。左足を踏み木から外し、右手でシャトルを受け、左足を踏み木から外して、トントンとかまちで緯糸を寄せて布にする。

綜絖枠を番号で示した設計図

　右足で踏み木を踏む。入れ替わった経糸のすきまに右からシャトルを滑らせて左へ送る。右足を踏み木から外し、かまちで二度叩いて布にする。以下は同様の動作を繰り返すことになる。

踏む足とシャトルを入れる側は常に同じ

　シャトルは下から小管を中指・薬指・小指の3本で支えるようにして送ることで、糸が余計にほどけて伸びてしまわないようにする。

　糸の太さの違いは抜きのときにはっきりする。かまちで押さえると太い糸は布の表面に出るし、細いものは落ち込み、布の表面に凹凸ができることになる。反物には向かない布になってしまうが、布としては変化のあるものになるので、用途を考えればおもしろい作品にもなる。

◎織り作業のポイント

　作業のポイントは、右手でシャトルを受け取り抜いたときに、次ページの写真に見るように緯糸と布の部分で三角形ができていることを確認して、かまちを二度打つこと。この時に三角形ができていないと、布の左端に糸が余ってはみ出してしまう。三角形を作るには、シャトルを抜いた位置を手前から4㎝くらい離して、かまちを二度打つようにする。また、右に強く引きすぎると左端が落ち込む。左に送ったときも同様で、右の左端に緯糸が飛び出したり、強く引きすぎて右端がへこんだりする。緯糸の織り返しをきれいに揃え、布の両端を一直線に揃えるようにするためのポイントは、シャトルを抜いた時に三角形ができていることを確認すること、シャトルを強く引きすぎないこと、この2つである。

綜絖を吊る位置を調整しながら、織る経糸がいつも水平にフラットになるように調整して作業を進める。また、男巻きのほうの経糸を解いて伸ばすとともに、布巻きに織り上がった布を随時巻き取ることで、織り位置を常に一定にしておくということも大事である。糸のたるみと「あやの一直線」は織りの作業でも随時確認することも忘れたくない点である。

斜線部分が三角形になるように

「かまち」を二度打つ

◎織り終わりの作業

織り進むと、男巻きの最初に結びつけた巻き布を伸ばして、経糸を綜絖に近づける。あや棒も綜絖側に寄せて織り続け、綜絖に近いほうのあや棒を外す。そのあとで糸を経糸と同じものに替えて、仕舞いの織りを6～8㎜くらい織

綜絖枠を調整し経糸を水平に

経糸はいつも水平になるように

糸の終わりが綜絖に近づくまで織る

ってから、あや紙を2枚使って、2枚のあや紙の中央にあやをつくる。そのあやの中央を鋏で切る。「あや紙」2枚の間の経糸を切って織りが完了する。あとは布巻きに織りためた布を巻き取り、巻き布に結びつけた糸を切って反物が仕上がる。

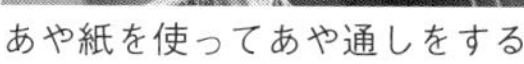
あや紙を使ってあや通しをする

2枚のあや紙の間を裁断する

●仕上げ

◎糊抜き

かつては真岡の町を流れる川の中で行なわれた作業だった。作業の目的は、加工しやすくすること、また製品にしたときに縮みを少なくすること。水に浸けて上下に動かしながら振り洗いをして糊を落とす。

◎乾燥・仕上げ

よく乾かしてアイロンをかけ、反物の形に巻いて製品にする。

（花井恵子・中山美枝子・鶴見純子）

布巻きから布を巻き取る

反物の仕上がり

6章

ワタを利用する

「エシカルな経済」の時代こそ綿屋の出番

●「わたや佐藤」の歩み——綿を蘇生させて六十八年

私は、福島県会津盆地のほぼ中央に位置する湯川村で、親子三代にわたり布団の製造・販売業を営んでいる。隣接する会津若松市や喜多方市を中心とする会津地方が商圏となる。

1950(昭和25)年の創業で、昭和30年代、40年代まで「わたや」(綿屋)は各地域それぞれに数軒はあるとても身近な存在であり、布団は定期的に打ち直しや布地の交換をしながら永く使うという文化が当たり前だった。しかし、大量生産・大量消費・使い捨てという時代の流れから、いつしか布団も使い捨てになり、昭和の終わりごろから平成半ばにかけて、私の店も事業存続の岐路に何度も立たされた。

しかしながら、日々の接客で消費者の本音としてよく聞かされていたのは、布団が汚れた、薄くなった、破れたからといって、それを捨て新しいものに買い換えることへの抵抗感だった。個別の消費者を見れば、身近な専門店がなくなって、仕方なく量販店の規格品に甘んじているのが実情ではないかという思いが私の中で強くなり、2005年、それまで集落の住宅地にあった店舗兼工場を国道沿いに移し、「ふとんクリニック」というキャッチフレーズで布団の打ち直し(仕立直し)に事業を特化した。

布団の打ち内直し前(上)と後

同じ素材を用い、同じ規格で作る大量生産とは違い、個々に出される布団ワタは千差万別である。その特性に合わせた個別のワタの加工及び布団の仕立には、仕上りのイメージを先読みしながらの、かなり高度の熟練と経験が必要とされるし、手間もかかる。小さな工房だが68年間の営みの中で培ってきた綿、羽毛、羊毛、化学繊維など、素材に応じて布団を打ち直し、蘇生することができる技術・ノウハウを蓄積してきた。この技術と設備(製綿加工機一式と羽毛投入機)をフルに生かしながら、今では売上全体の70%ほどを打ち直しが占めるようになった。最近は遠方から来店される方々も多い。また30～40代の若い年齢層のお客様が多くなってきているのを大変嬉しく思っている。

●今どきの布団の打ち直しとは――「梳き直し」

江戸時代前期から、弓糸に綿を絡ませて振動を起こし、固まった綿をほぐすということが行なわれるようになった。弓で打つことから「綿打ち」または「打ち直し」と言われるようになったようだ。明治以降、綿打ち機械ができたが、機械的に粉砕するもので何度も打ち直しすると、繊維が短くなってしまうという欠点があった（図1）。現代ではカード機（カーディングマシンの略）で、製綿または打ち直しするのが主流である。カード機は、約200万本の針のローラーの間を、ワタを傷めずに、ちょうど髪の毛を櫛で梳くようにして幾重にも通していくものである。このカード機は、木綿の布団ワタのみならず、羊毛、化学繊維にも対応する。そのようなわけで今どきの打ち直しとは、綿打ちというよりも、本当は「梳き直し」といえるものなのである。布団の詰め物となる布団ワタには木綿のほかに、羽毛や羊毛、ポリエステルなどの化学繊維、混紡などがある。

図1　布団の打ち直し技術の変遷

100年前迄「打つ」 → 数十年前迄「砕く」 → 今は「梳く」

弓による綿打ち　綿打ち機械　カード機

工場内部。右奥がカード機本体、約200万本の針が仕込まれている。本体に前工程と後工程の機械が連結して一連の製綿加工がなされる

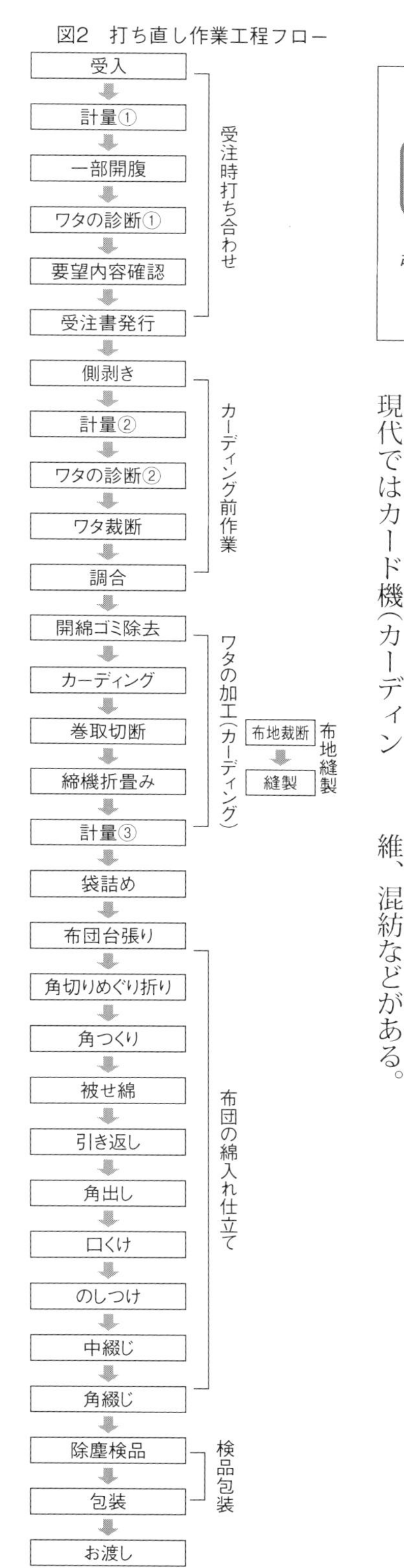

図3　製綿加工設備一式

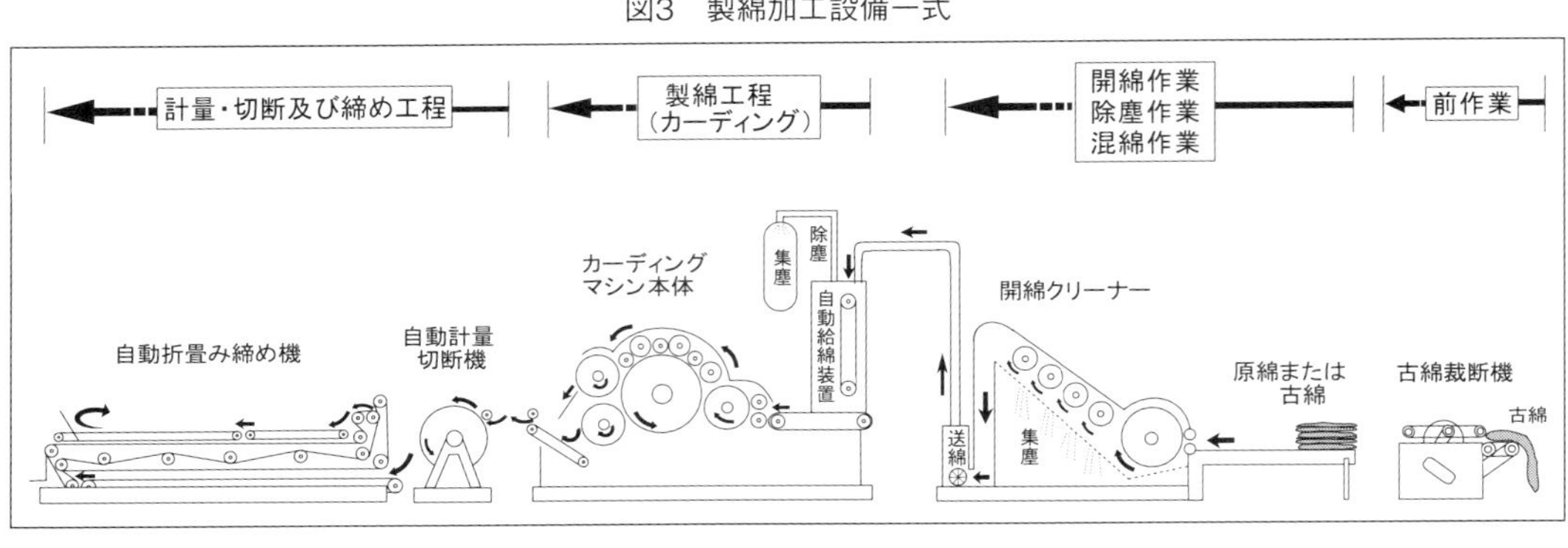

「布団ワタ」は、梳き直しの過程で、空気をたっぷりと含み約2〜3倍のボリュームになる。また、布団干しのとき、どんなに叩いても際限なく出てくる綿ボコリや、繊維の間に付着したゴミやダニを除去するのも梳き直しの役割である。梳き直しは何度でもできるし、新しく布団ワタを加えることもできる(図2、図3)。

●布団ワタに要求されるバネ性

綿屋がカード機で打ち直しをするようになってから、まだ歴史は浅い。カード機は元々、紡績業界で使われる機械である。綿屋の場合のカーディングの目的は、糸を紡ぐための製糸でもなく、その糸で織物を織ることでもない。布団の「詰め物」を得ることである。「布団ワタ」としての詰め物に要求されるのは、吸湿性とともに保温性、つまり空気を含んで常にふかふかした状態を保つための「バネ性」と呼ばれるものである。そのため、とくに敷き布団には繊維が太くコシの強い「インド綿」が最適というのが、布団業界の一般的な認識(地方による違いはあるものの)である。私の店でもおもにインドから輸入された原綿を使用している。

また、綿や羊毛などの天然繊維よりも強いバネ性を持つのが、ポリエステルに代表される化学繊維であり、これも使われている。昨今、量販店などで製品として販売されている布団の中ワタは、ポリエステルまたはポリエステルと羊毛や綿の混紡品が主流のようである。掛け布団には軽くて保温性に優れた羽毛が一般的になってきたが、その種類はさまざまである。

◎打ち直し時のワタの診断と調合

打ち直しのときには、弱った繊維を強くするために、新しいワタを混紡するのだが、木綿に木綿を混紡しても嵩高(かさだか)性の回復にはあまり効果がない。そこで、打ち直し時にお預かりした木綿ワタに、ポリエステルワタを混紡するということが行なわれるようになった。この混紡ワタは、地方による違いはあるようだが、当地では導入されて約半世紀ほどになる。最近お預かりするワタは、単一素材のワタより、すでに混紡されたものが多く、その比率もさまざまである。ワタの診断はお客様の目の前で行ない、例えばお預かりするワタが化学繊維のみの場合には、吸湿性とワタのしなやかさを得るために、木綿ワタを調合混紡することを提案して喜ばれている。

ワタの診断結果や調合の内容は、当店では「ワタカルテ」と称しているが、加工後の嵩高性・目減り、湿度などとともに記録して、確認できるようにしている。これは羽毛ワタについても同様である。また、経費をかけて打ち直しする価値のないワタについては、その場で診断結果を率直に申し上げ、新しいワタで作ることをお勧めしている。

◎綿花栽培の方々との出会いから

本業のかたわら、10年ほど前から、棉を栽培している地元会津と千葉のグループの方々から、綿繰りされた綿をお預かりして、カーディング加工(製綿加工)するということを行なっている。カーディングで繊維が一方向に揃うことで、スムースな糸紡ぎができる。通常はハンドカーダーなどで行なう「綿打ち」と呼ばれる工程である。

カーディング加工は、商売を目的としたものではないので少量でもお預かりしているが、きれいな綿帯として出すためには、最低でも1kgの量にはまとめていただきたいとお願いしている。種蒔きから始まって綿摘み、綿繰りと大変な手間をかけた希少なものであることを十分認識しているので、綿という素材にじっくりと対峙する気持ちで、製綿作業は慎重に行なっている。

コットン大好きの皆様との出会いから、多様化する布団素材を改めて見直すきっかけともなり、これからの私の仕事にも多くのヒントをいただくこともできた。

●地球環境や人権を無視する栽培方式への疑問

これからの時代、ポリエステルに代表される化学繊維の供給がいつまで続くのかは疑問である。脱化石燃料、脱プラスチックは広い分野で加速度的に進んでいるのではないかと思う。

一方、世界で生産される綿花は、その栽培に大量の化学肥料や薬剤を使い、コンバインで一斉収穫できるようにするために、枯葉剤を散布する。そしてその残留液を洗浄するのに莫大な水を使っている事実があり、地球環境のさまざまな見地から、こうした栽培法が問題になっている。また輸出国である発展途上国の綿花栽培農家の貧困と、人権にも問題は及んでいるようだ。

こうしたなかで、近年タオル製品やベビー用品など多くの製品にオーガニックコットンが使用されるようになってきた。これは、そのような一般綿素材の生産方式に対する反動が背景にあるようである。

◎土蔵に眠る布団の綿が良質カード綿に

戦前には中国から「天津綿」という綿が入って来ていた。今のインド綿よりコシが強く、布団ワタには最も適していると言わ

開綿クリーナー。開綿・除塵・混綿加工されたワタを送風ダクトでカード機本体の自動給綿機へ送る

古綿裁断機。加工前作業で、固くなった状態の綿を加工内容に応じ適宜裁断する

カード機本体の写真。右上が自動給綿装置、左端が自動計量切断機

カード機本体のカバーを外した状態の写真②.

カード機本体のカバーを外した状態の写真①　髪の毛を梳くようにすきとり、順次ローラーを経て繊維を整列させることによって薄膜状の綿帯を形成するしくみになっている

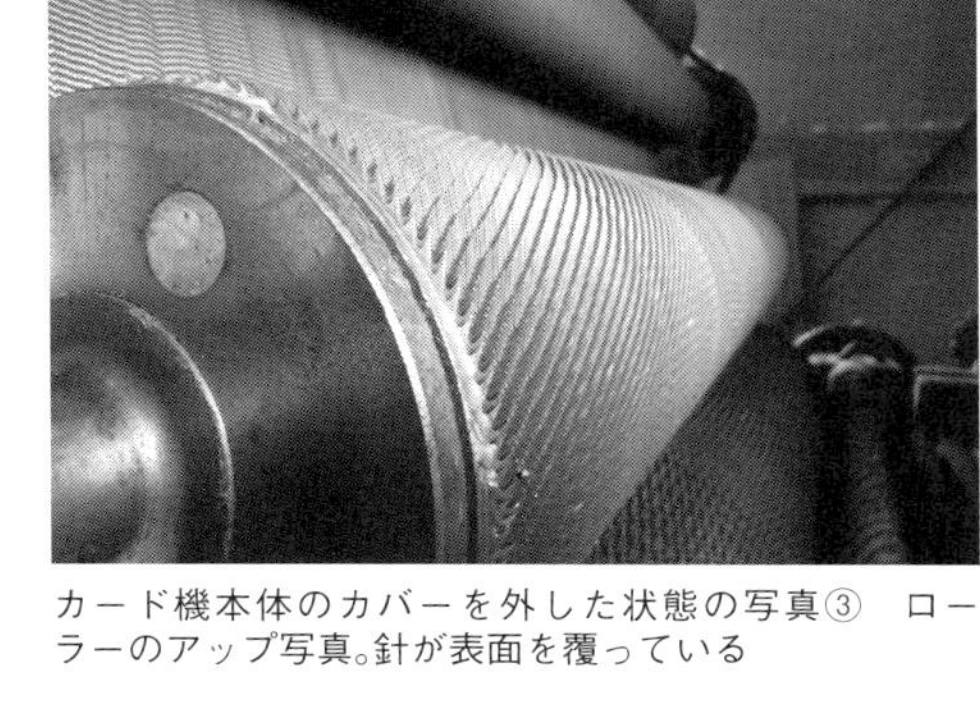

カード機本体のカバーを外した状態の写真③　ローラーのアップ写真。針が表面を覆っている

締め機からワタが畳まれる

上の写真は積層されたカードワタが設定された指定の厚さに達し、自動切断された状態。下の写真は切断されたカードワタが自動折畳み締め機に送られる状態

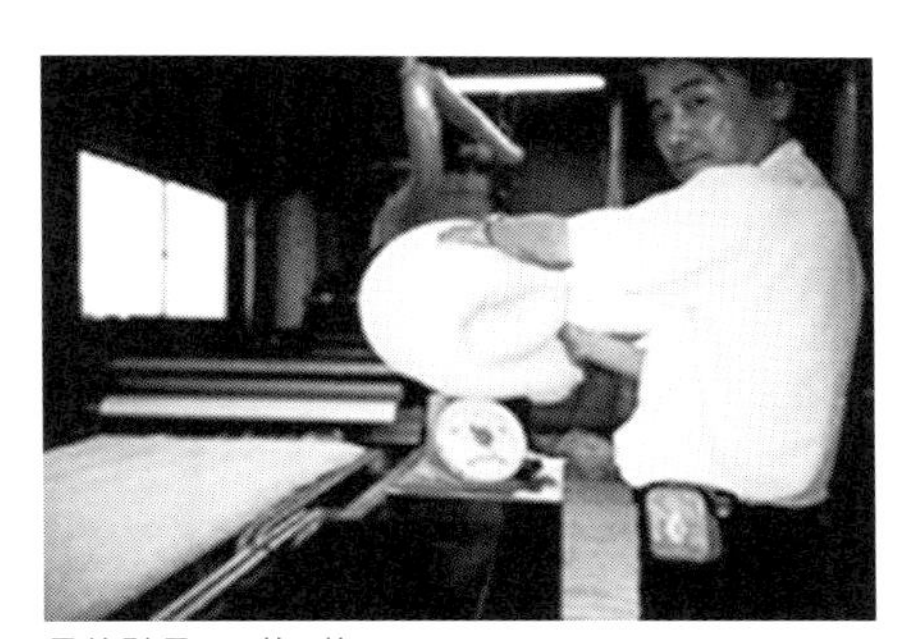

最終計量は1枚1枚

袋詰め。作業者の目で確認する

れていたそうである。かつて、これが天津綿かと思われるようなワタをお客様からお預かりしたことがある。それは土蔵の2階に何十年もしまい込んでいた布団で、表面はいかにも古臭い布団だったのだが、中ワタを打ち直ししてみると、綿100％とは思えないボリューム感とコシの強さに驚いたものである。古くからの商家や農家の土蔵には、今でもこのような良質な綿の入った布団が見つけられずに眠っているのではないかと思う。宝の持ち腐れとはこのことであろう。

◎国産綿花「紫蘇綿」への注目

できることならば、日本国内でコシの強い綿が入手したいと以前より漠然と考えていたのだが、過日、地元の大竹典和先生から、中国の天津綿と匹敵するコシの強さのある綿として「紫蘇綿」という品種のあることを教えていただいた。少量ではあったがサンプルとして製綿してみた。

その結果、インド綿の中でも最もコシのあるアッサム地方で採れた綿と同等のボリュームと、コシの強さを確認できた。この「紫蘇綿」の品質が科学的に検証され、関心を集め、さらなる品種改良が進む取り組みがなされ、また綿栽培農家として就農意欲を持てるような諸々の条件が整えられていってほしい。国内での綿花栽培が産業化されていくことへの可能性に希望を持ちたいと思っている。

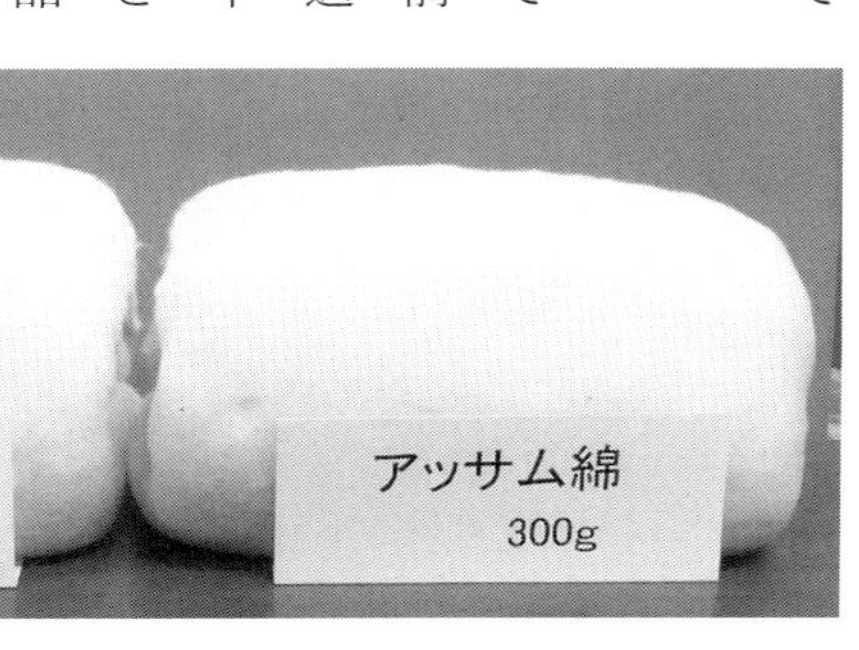

アッサム綿と遜色ない紫蘇綿

◎「一番の問題児」から、かつての「優等生」へ

規格大量生産・大量流通・大量消費、使い捨てが当たり前となった結果、布団は今や家庭から出される粗大ごみのトップとなっている。しかも、毎年最も多くの量を占め続けている状況だ。少し古いデータだが、日本全国で毎年600万枚規模の布団が焼却処分されていると推計されている（2007年3月6日「産経新聞」記載）。残念なことに、布団は、日本の環境分野における「一番の問題児」という位置付けになってしまっているのである。（ある調査によると布団一組の焼却から発生するCO_2の量は、一般家庭の消費電力から発生する1週間分のCO_2の量と匹敵するという）

商品としての寝具の流れは、人体の血液に例えれば動脈であって、消費されたものは、必ず汚れ傷むものである。この汚れ、破れ、潰れた寝具を預かり、蘇生させる受け場が綿屋である。綿屋としては、経年劣化の少ない中ワタを再利用して、好みに合った布団に、しかもお手軽な予算でオーダーメイドできるものを提供したい。汚れ、破れ、潰れたものを再生させる、身近

な静脈産業として、この寝具打ち直し業の存在意義をもう一度見直してほしいと思う。「直すより買ったほうが安い」とは、家電製品や他の業界でもよく言われるが、かつて布団打ち直しは「資源リサイクルの優等生」だった。環境分野を取り巻く課題に向けた関心の高まりから、「ゴミを出さずに、良いものを求め、手直ししながら永く使う」という考え方は、世界的なエシカル消費運動とともに、これから主流になりつつあると、この仕事を通して日々予感しているのである。

（佐藤　修）

引用・参考文献一覧（著者名・五十音順）

大蔵永常　1833年『綿圃要務』（『日本農書全集』第15巻）　農文協
大野泰雄・広田益久編著・日本綿業振興会監修　1986年『根の本シリーズ1　はじめての綿づくり』　木魂社
小野晃嗣　1941年『日本産業発達史の研究』　至文堂
「季刊地域」編集部編　2018年「季刊地域 秋号特集 農の手仕事」　農文協
木村茂光編　2010年『日本農業史』　吉川弘文館
クリストファー・コロンブス（林屋永吉訳）　1977年『コロンブス航海誌』（33-428-1岩波文庫）岩波書店
小西平一・堀務・鷲見一政編　1969年『綿花百年 上巻』　社団法人綿花協会
菅原道真編纂　892年『類聚国史』（1965年『国史大系』第5巻、第6巻所収）　吉川弘文館
永原慶二　2004年『苧麻・絹・木綿の社会史』　吉川弘文館
農林（水産）省　各年版『農業統計表』
農林省　1955年『農林省累年統計表』
農林省農業改良局編集　小松一太郎著　1951年『改良普及員叢書　工芸作物　藺草、棉、楮、三椏　農業技術篇』　農林省
ひびあきら・文　やまだひろゆき・絵　1998年『そだててあそぼう10　ワタの絵本』　農文協
日比暉　1986年『なぜ木綿』　日本綿業振興会
日比暉編　1985年『子供のための綿づくり教室 いま、学校で、保育園で、家庭で』　合同出版
松下隆　2014年『参加体験から始める価値創造』　同友館
宮川真紀著・中野幸英・写真　2014年『東北コットンプロジェクト 綿と東北とわたしたちと』　タバブックス
真岡木綿保存振興会編著　2001年『真岡木綿復活15年のあゆみ』　真岡商工会議所
森浩一　2009年『日本の深層文化』（ちくま新書）　筑摩書房
ICAC (International Cotton Advisory Committee, 国際コットン諮問委員会)　2014年「Cotton Production Practices」
International Service for the Acquisition of Agri-biotech Applications(ISAAA,国際アグリバイオ事業団)「遺伝子組換え・GM作物商業栽培の世界状況」（ISAAA概要）

●インターネット上の公開データ

Cotton Buyer's Guide 2018：https://cottonusa.org/buyers-guide
Cotton Incorporated 2019. World Cotton Production. Monthly Economic Letter.
：https://www.cottoninc.com/market-data/monthly-economic-newsletter/
GIZA COTTON：https://www.gizacotton.com/cotton/
History of Pima and ELS Cotton, All About Supima Cotton
：http://www.ipaperu.org/descarga/History_of_Pima_and_ELS_Cotton.pdf#search=%27History+of+Pima+and+ELS+Cotton%27
綿の歴史：http://cotton.hisid.net/wata/c.html
NCCE ducational Resources,Publicatio：http://www.cotton.org/pubs/cottoncounts/resources.cfm
Sea-island cotton（シーアイランド・コットン）協同組合西印度諸島海島綿協会
：http://www.kaitoumen.co.jp/home-jp.html、：http://www.kaitoumen.co.jp/cont-jp-02-01.html
Supima's Heritage：https://supima.com/heritage/
The Classification of Cotton：https://naldc.nal.usda.gov/download/CAT10825960/PDF
The History of Egyptian Cotton™：https://www.cottonegyptassociation.com/history-of-egyptian-cotton/
UPOV TG/88/7 (proj. 3) draft：https://www.upov.int/edocs/mdocs/upov/en/twa_46/tg_88_7_proj_3.pdf

● さくいん ●

≪執筆者紹介≫
森　和彦（もり　かずひこ）特定非営利活動法人日本オーガニックコットン協会理事長
松下　隆（まつした　たかし）全国コットンサミット実行委員会事務局
吉田　恵美子（よしだ　えみこ）ふくしまオーガニックコットンプロジェクト代表・特定非営利活動法人
ザ・ピープル理事長・おてんとＳＵＮ企業組合代表理事
大道　幸祐（だいどう　こうすけ）前境港市農業公社事務局長、現在境港市福祉課長
島田　淳志（しまだ　あつし）タビオ奈良株式会社研究開発事業部シニアエキスパート
福島　裕（ふくしま　ひろし）福島県いわき市　柳生菜園主宰
大竹　典和（おおたけ　のりかず）福島県喜多方市　棉の里主宰
花井　恵子（はない　けいこ）真岡木綿栃木県伝統工芸士
中山　美枝子（なかやま　みえこ）真岡木綿栃木県伝統工芸士
鶴見　純子（つるみ　じゅんこ）真岡木綿栃木県伝統工芸士
佐藤　修（さとう　おさむ）福島県湯川村　わたや佐藤店主

≪棉に関する情報拠点として≫
特定非営利活動法人日本オーガニックコットン協会　TEL03-3341-7200（東京都新宿区）
全国コットンサミット実行委員会事務局：松下 隆　https://www.facebook.com/cottonsummit/
特定非営利活動法人ザ・ピープル　TEL0246-52-2511（福島県いわき市）

地域資源を活かす　生活工芸双書

棉（わた）

2019年３月10日　第１刷発行
2020年５月25日　第２刷発行

著者

森和彦／松下隆／吉田恵美子／大道幸祐／島田淳志／福島裕／
大竹典和／花井恵子／中山美枝子／鶴見純子／佐藤修

発行所

一般社団法人 農山漁村文化協会
〒107-8668　東京都港区赤坂７丁目６-１
電話：03（3585）1142（営業），03（3585）1147（編集）
FAX：03（3585）3668　振替：00120-3-144478
URL：http://www.ruralnet.or.jp/

印刷・製本

凸版印刷株式会社

ISBN 978-4-540-17214-4
〈検印廃止〉

装幀／高坂　均
DTP制作／ケー・アイ・プランニング／メディアネット／鶴田環恵